Die betriebswirtschaftliche Organisation in Speditionsgroß-betrieben

von

Ludwig Pontow

Dr. rer. pol. (Betriebswirtschaft) und Diplom-Kaufmann

Springer-Verlag Berlin Heidelberg GmbH

1922

Additional material to this book can be downloaded from http://extras.springer.com.

ISBN 978-3-642-90257-4 ISBN 978-3-642-92114-8 (eBook)
DOI 10.1007/978-3-642-92114-8

Softcover reprint of the hardcover 1st edition 1922

Vorwort.

Die vorliegende Arbeit befaßt sich mit der Untersuchung der betriebswirtschaftlichen Organisation eines idealisierten Speditionsgroßbetriebes. Als Standort ist Köln gewählt, das infolge seiner Verkehrslage dem Speditionsgeschäft ein vielseitiges Gepräge verliehen hat. Der kleine und mittlere Betrieb ist in der Arbeit nicht berücksichtigt worden, weil er organisatorisch nicht viel bieten kann.

Durch meine Lehrzeit in einem Bremer Überseespeditionshause sowie durch die Bearbeitung der Organisation einiger Kölner Großbetriebe habe ich mir die für die Behandlung der Aufgabe notwendigen Fachkenntnisse erworben. Daneben habe ich mich über die Abwicklungstechnik eines großen Güterbahnhofes sowie eines Hauptzollamtes unterrichtet.

Einschlägige Literatur über das bearbeitete Gebiet ist nicht vorhanden.

Endlich möchte ich an dieser Stelle noch allen Herren danken, die als Leiter oder Angestellte der Großbetriebe, als Beamte der Eisenbahn und der Zollabfertigung in liebenswürdigster Weise bereit waren, mir wertvolle Auskunft über auftauchende Fragen zu geben.

Zu ganz besonders großem Danke bin ich Herrn Dr. E. Esch, Direktor des Institutes für Verkehrslehre in Köln, verpflichtet. Herr Dr. Esch ermöglichte mir nicht nur das Studium der Organisation in den Großbetrieben, sondern brachte mir weit darüber hinaus stets ein lebhaftes Interesse für meine Arbeit entgegen.

Hannover, im Oktober 1922.

Der Verfasser.

Inhaltsübersicht.

A. Einleitung.

1. Der Spediteur im rechtlichen und wirtschaftlichen Sinne.

Bei Behandlung der vorliegenden Aufgabe ist zunächst einmal festzustellen, wer ist Spediteur, und welches sind die regelmäßig in seinem Betriebe vorkommenden Geschäfte? Einen scharf umrissenen Begriff des Spediteurs gibt das HGB., das im § 407 Abs. 1 sagt: „Spediteur ist, wer es gewerbsmäßig übernimmt, Gütersendungen durch Frachtführer oder durch Verfrachter von Seeschiffen für Rechnung eines anderen (des Versenders) in eigenem Namen zu besorgen."

Das Gesetz verlangt also erstens, daß der Abschluß dieser Geschäfte als Gewerbe betrieben wird. Ferner läßt es als Versendungsobjekt nur Güter gelten und nicht etwa Personen, wie man es bei den Auswandereragenten findet, die für Rechnung des Auswanderers, jedoch auch im eigenen Namen, mit der Reederei einen Beförderungsvertrag tätigen. Außerdem muß der Abschluß des Vertrages mit Frachtführer oder mit Verfrachter im eigenen Namen, jedoch für Rechnung des Versenders, erfolgen. Das Gesetz sieht also in dem Spediteur lediglich einen Vermittler, und darauf fußend finden auf ihn und seine Geschäfte die Vorschriften über den Kommissionär so weit Anwendung, wie das Gesetz nicht ausdrücklich etwas anderes bestimmt.

Das Geschäft, das der Spediteur im Sinne des HGB. allein tätigen kann, ist die Vermittlung von Frachtverträgen bei Gütersendungen. Ein einfaches Beispiel hierfür ist die Übergabe eines Gutes an den Spediteur, der seinerseits für die Verladung der Sendung bei der Bahn als Stückgut Sorge zu tragen hat. Die Hauptaufgabe des Spediteurs bestände also in der Auswahl der Beförderungsart, die den Wünschen des Kunden sowie der Art des Frachtvertrages selbst am meisten entspricht.

In der Praxis sind aber häufig andere Leistungen, die das Gesetz lediglich als Nebenleistung anspricht, für die Inanspruchnahme eines Spediteurs ausschlaggebend. Hier kommt vor allem in Frage die Vertretung des Versenders gegenüber dem Frachtführer bei irgendwelchen Reklamationen, Verteilung einer Sendung an mehrere Empfänger, Entfernung der Ursprungszeichen, Probenziehung, Einziehung des Warenpreises, die Übernahme der Verzollung mit Ausstellung der Zollpapiere, Vorführen der Ware beim Zollamt, vorschußweise Zahlung des Zolles und die Erfüllung anderer Wünsche, die vom Versender dem Spediteur zur Bedingung gemacht werden können. Der Speditionsbetrieb beschränkt sich jedoch nicht nur auf diese eine Gattung von Geschäften, sondern vereinigt in sich eine große Zahl anderer Geschäfte, für die das HGB. eine besondere Regelung vorgesehen hat.

Hierher gehört zunächst eine Gruppe von Aufträgen, die der Fuhrbetrieb ausführt, der stets mit großen Speditionsunternehmungen verbunden ist. Er übernimmt den Transport der Güter zwischen Kunde, Lager, Bahn und Schiff. Außerdem ermöglicht der moderne Kraftwagenverkehr einen interlokalen Transport zwischen dem Wohnort des Versenders und Empfangskunden. Ein anderer Hauptgeschäftszweig ist der Sammelverkehr, der ebenfalls eine Ausnahme bildet, wie alle die zahlreichen Verträge, die feste Übernahmesätze für die Fracht und eine beliebige Anzahl von Unkosten zum Gegenstande haben. Endlich ist hier noch der Möbeltransport zu nennen. In allen diesen genannten Fällen wird der Spediteur zum Frachtführer (HGB. §§ 413, 425).

Ein anderer Hauptgeschäftszweig, der ebenfalls untrennbar mit großen Unternehmungen verbunden ist, ist das Lagergeschäft, das vom HGB. im 3. Buch, 5. Abschnitt besonders geordnet ist.

Der Großbetrieb, der an Wasserstraßen oder Seehäfen gelegen ist, übernimmt häufig die Vertretung von Reedereien, in deren Namen er Frachten annimmt und Konnossemente zeichnet. Er erfüllt hiermit die Geschäfte des Schiffsagenten.

Bei der Entgegennahme von Versicherungsanträgen der Kundschaft findet man den Spediteur entweder als Versicherungsagenten mit oder ohne Abschlußvollmacht für eine Versicherungsgesellschaft, oder er ist Versicherungsnehmer für fremde Rechnung oder aber auch für kleinere Sachen Selbstversicherer.

Endlich ist hier noch der bahnamtliche Rollfuhrunternehmer zu nennen, der im Wirtschaftsleben häufig mit dem Ausdruck „Bahnspediteur“ bezeichnet wird. Auch hier handelt es sich nicht um den Spediteur im Rechtssinne, da seine Aufgabe fast ausschließlich darin besteht, als Beauftragter der Eisenbahn Güter solchen Empfängern zuzurollen, die nicht Selbstabholer sind oder ihre Güter durch besonders genannte Spediteure zugestellt erhalten. Der bahnamtliche Rollfuhrunternehmer ist Frachtführer und durch seinen Vertrag mit der Eisenbahn ihr Erfüllungsgehilfe.

Das Ergebnis des Vergleichs zwischen dem wirtschaftlichen und rechtlichen Begriff des Spediteurs fasse ich wie folgt zusammen:

1. Das Recht sieht die Vermittlung des Frachtvertrages als Hauptsache und die übrigen Leistungen, die zur Behandlung eines Gutes er-

forderlich sind, als Nebensache an, während im wirtschaftlichen Leben der eigentliche Frachtvertrag oft weit zurücktritt hinter die Dienste, die der Spediteur bei der Verzollung, Inkasso usw. leistet.

2. Der Rechtsbegriff des Spediteurs umfaßt nur einen Teil der zu einem Speditionsunternehmen im wirtschaftlichen Sinne regelmäßig gehörenden Geschäfte, es fehlen die des Frachtführers, Lagerhalters, Versicherungsagenten usw.

2. Die Eigenart des Kölner Speditionsgewerbes.

Gerade so wie einem Fabrikunternehmen durch die Eigenart seines Standortes häufig ein besonderes Gepräge aufgedrückt wird, so kann man auch mit Recht behaupten, daß Köln seinem Speditionsgewerbe einige besondere Merkmale verliehen hat und nicht ohne Einfluß auf dessen Entwicklung geblieben ist.

Köln ist ein wichtiger Eisenbahnknotenpunkt in dem gesamten Verkehr des Industriegebietes, Norddeutschlands und weiter Dänemarks und Skandinaviens mit Belgien, Frankreich und Spanien. Ferner ist es der Vermittler von Süd und Nord, d. h. zwischen Süddeutschland, Schweiz und Italien einerseits und Holland, Belgien und England andererseits, ohne den Verkehr zu berücksichtigen, der auf diesem Wege seinen Anfang oder sein Ende in der Rheinprovinz und dem nahen Industriegebiet hat. Im Brennpunkt dieser Verkehrsstrahlen liegend, konnte der Kölner Spediteur sein Bahngeschäft immer mehr international gestalten, man findet daher nicht nur in großen Unternehmungen besondere Abteilungen für die Erledigung der Speditionsaufträge getrennt nach den einzelnen Ländern, sondern es haben sich auch kleinere Betriebe gebildet, deren Hauptgeschäft diese internationale Spedition ist. Außerdem unterscheidet sich die Tätigkeit wieder von der des Grenzspediteurs, der seinen Sitz in einem Verkehrsschnittpunkt an der Grenze zweier Länder hat. Diesem obliegt es, alle die Schwierigkeiten zu beseitigen, die sich beim Grenzübergang bieten wie Umladung, Wahrnehmung der Interessen bei der Zollkontrolle, Umfrankierung usw.

Ein weiterer Geschäftszweig, den der Rhein als Wasserstraße ermöglicht, ist die Schiffahrt mit ihrem Binnen- und Seeverkehr. Die Binnenschiffahrt umfaßt das gesamte Gebiet des Rheins und seiner Nebenflüsse, mit dem diesem angegliederten Kanalnetz, so daß man auch hier ein umfassendes Betätigungsfeld mit internationalem Charakter vorfindet. Binnenschiffahrt und Eisenbahn befruchten sich gegenseitig durch den Umschlagverkehr vom Schiff in den Eisenbahnwagen und umgekehrt. Daneben steht die Binnenschiffahrt noch im Dienste der Seeschiffahrt, die zwar ihre Fühler bis nach Köln vorstreckt, jedoch im allgemeinen in den Seehäfen der Rheinmündung ihren Abschluß findet. Nach Köln kommen nur kleine Dampfer herauf, die den nordeuropäischen Küstenverkehr und vor allem die englische Küste bedienen. Die Nachkriegszeit brachte gerade in dem direkten Seeverkehr mit England eine starke Steigerung, die durch die für die englische Besatzung bestimmten Transporte verursacht wurde. Die großen Seedampfer können Köln ihres Tiefganges wegen nicht anlaufen und sind daher gezwungen, ihre Güter in den Seehäfen zu leichtern oder zu löschen. Ob Köln sich zu einer Seehafenstadt vergrößern kann, erscheint mir selbst dann noch fraglich, wenn es technisch möglich wäre, den Rhein dem Tiefgang der Überseedampfer anzupassen. Der Kernpunkt dieser Frage besteht in den Ersparnissen, die zu erzielen wären zwischen dem Frachtsatz, der ab Seehafen ins Binnenland oder umgekehrt mit Umschlag im Seehafen berechnet wird, oder dem Satz, der sich aus der Seefracht bis Köln, der hier vorzunehmenden Umladung und den Kosten des Weitertransportes, im ausgehenden Verkehr entsprechend umgekehrt, ergeben würde, wobei die Reedereien wahrscheinlich eine Entschädigung in irgendeiner Form für die Berg- und Talfahrt des Seedampfers in Ansatz bringen würden. Heute benutzen die Transporte nach und von Übersee vom Seehafen aus die Binnenschiffahrt und Eisenbahnen mit Ausnahme derjenigen, die für die Nordeuropäische Küste und England bestimmt sind. Weist also auch Köln neben der Binnenschiffahrt einen Seeverkehr auf, unmittelbar oder mittelbar, so zeigt dieser doch ein anderes Bild wie der in einer Seehafenstadt. Dort wird der Verkehr beherrscht von den Massengütern, wie Baumwolle, Getreide, Salpeter und anderem, die schiffsladungsweise eintreffen. Dieser Stapelwarenverkehr hat naturgemäß auch den Speditionsbetrieben und ihrer Innenorganisation ihr eigenes Gepräge verliehen. Entscheidend ist hier die Art des Gutes, und so findet man dieses auch in der Hauptsache als maßgebendes Prinzip für den inneren Aufbau der Unternehmung. Gleichviel über welche Verkehrslinie eine Güterart läuft, wird sie in einer Abteilung zusammengefaßt, die den Weiterversand, Lagerung und sonstige Behandlung übernimmt, so daß man dort je eine Abteilung für Baumwolle, Salpeter, Wolle usw. findet. Im scharfen Gegensatz hierzu steht Köln, dessen aus- und eingehende Seetransporte in der Hauptsache aus Stückgütern und Teilladungen bestehen, die nicht wie beim Seehafenspediteur die Bahn- und Kahnladung weit überragen. Es ist daher auch unmöglich, hier die Art des Gutes ausschlaggebend auf den inneren Aufbau einwirken zu lassen, vielmehr ist das Ziel die Beförderungsart und die Behandlung des Gutes maßgebend. Diesem Gesichtspunkt Rechnung tragend, findet man in Kölner Speditionsunternehmungen Überseeabteilungen für den Verkehr mit den Vereinigten Staaten, Südamerika usw.

Das jüngste Verkehrsmittel, mit dem sich der Kölner Großspediteur ausgiebig, allerdings fast ausschließlich als Frachtführer, befaßt, ist das Lastautomobil. Dieses Transportgeschäft erscheint für Köln besonders aussichtsreich, da es inmitten einer dicht bevölkerten und industriereichen Gegend den Anschluß an Schiffs- und Bahntransporte übernimmt, ja sogar die letzteren bis zu einem gewissen Grade auszuschalten in der Lage ist. Es hat seinen Anfang in der Nachrevolutionszeit genommen, wo Köln in dem Warenstrom, der durch die deutschen Valutaverhältnisse, das Loch im Westen und den Warenhunger der Welt in Bewegung gesetzt war, zu ersticken drohte. Die Eisenbahn konnte nicht genügend Wagen herbeischaffen, da ihr Wagenpark durch den Krieg und den Vertrag von Versailles stark vermindert worden war. Da Geld in dieser Zeit im Handel keine große Rolle spielte, ging man dazu über, eilige Waren mit Lastkraftwagen zu befördern. Eine ganz besondere Note erhielt dieser Verkehr später durch die Sanktionen. Um die zeitraubende Zollabfertigung und die hiermit verbundenen Stauungen auf den Güterbahnhöfen zu umgehen, wurde ein großer Teil der Güterbewegung nach und von der Grenze des unbesetzten Gebietes mit dem Kraftwagen bewältigt. Aber auch für die Folgezeit, wo die wirtschaftlichen Sanktionen gefallen sind, wird der Autoverkehr für hochwertige, eilige Güter bestehen bleiben, da auf die Entfernungen, die für den Kraftwagen in Frage kommen (etwa 150 km), die Eisenbahn in der Schnelligkeit weit unterlegen ist. Sehr ungünstig beeinflußt wird heute noch das Geschäft durch die hohen Betriebskosten, die infolge der Unbeständigkeit der Preise auch hier ein unsicheres Moment in die Kalkulation bringen.

Als Ergebnis der vorstehenden Ausführungen stelle ich fest, daß das Merkmal des kölnischen Großspeditionsunternehmens seine außerordentliche Vielseitigkeit ist, die es der so hervorragend günstigen Wirtschafts- und Verkehrslage der Stadt Köln verdankt.

B. Die Organisation des Speditionsbetriebes.

I. Die Gestaltung der äußeren Form der Unternehmung.

Die Form, in die sich das Speditionsunternehmen kleidet, ist sehr mannigfaltig. Man findet den Einzelkaufmann neben der Personalgesellschaft und diese wiederum neben den Kapitalgesellschaften. Diese Verschiedenheit hat ihren Grund darin, daß unter Umständen bei der Bildung von Speditionsunternehmungen der einflußreichste Faktor nahezu ausgeschaltet werden kann, nämlich die Beschaffung von Kapital, sowohl in seiner Form als Anlage- als auch Betriebskapital. Es gibt wohl kaum einen anderen Gewerbezweig, in welchem das Kapital vom Geschäftsumsatz so unabhängig ist wie im Speditionsgewerbe. Der Handel baucht zum großen Umsatz viel Waren, also erhebliche Geldmittel, die Industrie benötigt meistens kostspielige Anlagen und daneben ein Warenlager, der Speditionsbetrieb dagegen, selbst mit einem großen Umsatz, kann sich lediglich mit einem Büroraum begnügen, in dem die einlaufenden Aufträge zur Erledigung gelangen. Diese Form der Unternehmung, die häufig mit dem Wort Etagenspediteur belegt wird, ist gar nicht so selten anzutreffen. Dieser Gattung, die mit ihrem Verzicht auf Anlagen irgendwelcher Art den einen Grenzstein auf dem Gebiete des Kapitalbedarfes bildet, reihen sich die zahllosen übrigen Betriebe an, die je nach der Unternehmungslust ihrer Leiter mehr und mehr Geld aufwenden, um die Güter selbst lagern, abrollen und behandeln zu können. So findet man Unternehmen mit eigenen Lagerhäusern oder eigenem Fuhrpark bis hinauf zu den Großbetrieben, die über eigene Bahnanlagen und Waggons verfügen, die eigene Kähne besitzen und Hafenläger mit besonderen Löschvorrichtungen. Diese Großbetriebe bedürfen natürlich zur Finanzierung ihrer Anlagen ganz beträchtlicher Summen. Je größer die Anlagen sind, desto mehr Kapital wird naturgemäß auch für ihren Betrieb erforderlich sein, so daß eine derartige Großunternehmung als der andere Grenzstein auf dem Gebiete des Kapitalbedarfes angesprochen werden muß. Sie kleidet sich daher vorzugsweise in die Form der Aktiengesellschaft oder G. m. b. H. Während das Hauptgeschäft des Etagenspediteurs in der Vermittlung von Frachtverträgen besteht, greift der Großbetrieb auf die verwandten Gebiete über und findet als Lagerhalter und Frachtführer den Unternehmergewinn für das Risiko seiner Anlagen. Daß ein derartiger Großbetrieb naturgemäß leistungsfähiger ist als ein Etagenspediteur, bedarf wohl keiner besonderen Erläuterung.

Eine andere Eigenart des Speditionsbetriebes ist der verhältnismäßig schnelle Umschlag des Betriebskapitals. Der Grund hierfür liegt darin, daß im allgemeinen keine größeren Kredite bewilligt werden, wie es im Handel oder Industrie der Fall ist.

Bei Kunden, die nur einmal oder in längeren Zeiträumen Aufträge erteilen, werden die Betriebsunkosten durch Nachnahmen eingezogen. Nur größere Kunden mit regelmäßigen Geschäftsaufträgen erhalten Kredit, der jedoch in den meisten Fällen schon in Monatsfrist ausgeglichen wird. Mit Korrespondentspediteuren wird auf die gleiche Weise verfahren; das gelegentliche Geschäft wird sofort durch Nachnahme bar beglichen, während bei einer lebhaften Inanspruchnahme eine Aufrechnung der wechselseitigen Leistungen stattfindet, so daß sich im großen und ganzen gewährter und genommener Kredit ausgleichen.

In erheblicher Weise wird die Beanspruchung von Betriebsmitteln durch die Frachtstundung der Eisenbahn und durch den Zollaufschub der Hauptzollämter herabgedrückt. Auf Antrag ist es dem Spediteur ermöglicht, die fälligen Frachten bei der Eisenbahn bis zu einem Monat gegen Hinterlegung von Sicherheiten, wie Wertpapieren, Bürgschaften, usw. zu stunden, und zwar derart, daß erst am 10. des folgenden Monats die aufgelaufenen Frachten abzüglich der zu Gunsten des Spediteurs eingegangenen Nachnahmen auszugleichen sind.

Ein weiteres Hilfsmittel bildet für den Groß-Spediteur der Zollkredit, der beträchtliche Summen ausmacht. Die Zollbehörde richtet auf Verlangen ebenfalls gegen Sicherheitsleistungen ein Zollaufschubkonto ein, auf dem sie fällige Zölle auf 3 Monate stundet.

Diese Kredite, die von der Eisenbahn und dem Zoll eingeräumt werden, kommen jedoch nicht dem Spediteur zugute, wie es bei oberflächlicher Betrachtung den Anschein hat, sondern dem Kunden. Würden diese Stundungen fortfallen, dann müßte entweder der Kunde die erforderlichen Beträge vorschießen oder das Speditionsunternehmen benötigte ein ganz bedeutend höheres Kapital, dessen Verzinsung notwendigerweise eine wesentliche Verteuerung der Speditionsspesen bedingen würde. Der Spediteur, der dem Staate gegenüber allein haftet, erfüllt mit der Weitergabe dieser Kredite eine wichtige volkswirtschaftliche Aufgabe bei der Verbilligung von Transporten.

Eine verhältnismäßig hohe Summe stellen im Speditionsbetrieb die Gehälter dar, was sich daraus erklärt, daß zur Erledigung jedes einzelnen Speditionsfalles viel Schreibwerk erforderlich ist, das seinerseits wieder eine größere Zahl von Angestellten bedingt.

Im ganzen genommen ist über den Kapitalbedarf des Speditionsbetriebes zu sagen, daß er je nach dem Zweck der Unternehmung außerordentlich verschieden ist und daher bei der Wahl einer bestimmten Geschäftsform zu berücksichtigen ist. Eine Geschäftsform, die besondere Vorzüge nur für das Speditionsunternehmen aufweist, ist nicht vorhanden, sondern die allgemeinen Vor- und Nachteile der einen Form vor der andern in wirtschaftlicher und steuerrechtlicher Beziehung gelten ungeschmälert auch für das Speditionsgewerbe.

II. Die Innenorganisation des Speditionsbetriebes.

a) Die Aufgaben der Organisation.

Ist schon im allgemeinen eine gute Organisation des inneren Betriebes für ein Unternehmen ein nicht zu unterschätzender Vorteil, so ist sie für jedes Verkehrsunternehmen, ob es sich mit Güter- oder Personentransporten befaßt, eine notwendige Voraussetzung. Dieses gilt in besonderem Maße für den Speditionsgroßbetrieb, der als Sammel- und Verteilungsstelle Güter aus sämtlichen Verkehrszweigen bearbeitet, sei es Schiffahrt, Eisenbahn oder ein anderer Zweig.

Schnelligkeit in der Abwicklung ist eins der Haupterfordernisse, das vom Spediteur verlangt wird. Vom Kunden übernommene Güter müssen pünktlich bei den Verkehrsanstalten angeliefert werden, um zur Verladung zu gelangen, ankommende Sendungen sind sofort in Empfang zu nehmen, um die Transportkosten nicht durch Wagenstand- oder Lagergeld unnötig zu verteuern. Andere Güter wieder sind umzuladen von einem Zug in den anderen, von der Bahn ins Schiff und umgekehrt. Die zur Verfügung stehende Zeit richtet sich nur in den wenigsten Fällen nach dem freien Ermessen des Spediteurs, sondern meistens haben die Verkehrsanstalten durch ihre Bestimmungen die Grenzen gezogen, die oft eine kaum ausreichende Spanne zur Erledigung der sich drängenden Arbeit lassen. Hier gilt es dann, die unbedingt notwendige Leistung von der zu trennen, die nach der Besorgung des Gutes noch Zeit zur Erledigung läßt. Da die Speditionsabteilungen (wie die für Stück-, Sammel-, Schiffsgut usw.) im Verein mit den Außenstellen, welche die tatsächliche Güterbewegung des Ein- und Ausladens ausführen, diejenigen Organe sind, die bei der Verfrachtung in Frage kommen, so folgt aus den obigen Ausführungen, daß sie von allen Arbeiten, die nicht unbedingt zur Verfrachtung gehören, zu befreien sind, selbst auf die Gefahr hin, daß gelegentlich die vorhandene Arbeitsmenge nur knapp zu einer genügenden Beschäftigung ausreicht. Eine gleichbleibende Arbeitsmenge gibt es ebenso wenig im Speditionsverkehr wie in anderen Gewerben, da der Güterverkehr dauernd durch allerlei Einflüsse in der Intensität starken Schwankungen unterworfen ist.

Die Schnelligkeit der Arbeitsbewältigung muß, wenn das Unternehmen nutzbringend arbeiten soll, von der nötigen Sicherheit begleitet sein, d. h. sowohl was die Abwicklung des einzelnen Geschäftes anbetrifft, als auch in bezug auf das Gut selbst. Dadurch, daß der Großbetrieb auf eine ausgiebige Arbeitsteilung angewiesen ist, muß ein zwangsläufiges Ineinandergreifen der einzelnen Abteilungen angestrebt werden, das ein mechanisches Durchlaufen des einzelnen Auftrages durch die verschiedenen Bearbeitungsstellen gewährleistet.

Die Sicherheit muß sich jedoch auch auf das Gut selbst erstrecken, sowohl im Interesse des Kunden als auch im eigenen des Spediteurs, da dieser einer Haftpflicht unterliegt. Aus diesem Grunde ist es von ganz besonderer Wichtigkeit für ihn, daß über die Beschaffenheit einer Sendung nicht nur bei ihrem Ein- und Ausgang aus dem Betrieb Unterlagen geschaffen werden, sondern auch dann, wenn die Sendung innerhalb des Betriebes selbst durch verschiedene Hände läuft. Nur so wird es möglich sein, sich vor Schadensfällen zu bewahren, und, falls trotzdem Unregelmäßigkeiten vorkommen, müssen Aufzeichnungen den Weg weisen, der zur Aufklärung des Vorfalles dienen kann. Wie diese Aufgaben von den Stellen des Innen- und Außenbetriebes zu lösen sind, werde ich bei der Darstellung der einzelnen Abteilungen zeigen.

Je mehr ein Großbetrieb aufgeteilt ist, um so stärker wird neben Schnelligkeit und Sicherheit das dritte Erfordernis, die Schaffung einer Übersicht über das Unternehmen. Der Geschäftsleitung muß ein Mittel an die Hand gegeben werden, durch das sie die Arbeit, den Beschäftigungsgrad und nicht zuletzt den Erfolg beobachten kann. Diese Bedingung ist für einen Großbetrieb um so wichtiger, da die Leitung bei einer starken Aufspaltung des Unternehmens nicht mit jedem einzelnen Zweig in dauernder Fühlung stehen kann. Auf die Erfüllung dieser Aufgabe werde ich ebenfalls bei der Besprechung der in Frage kommenden Abteilung eingehen.

b) Die Zerlegung der Arbeitsleistung.

α) Die Arbeitsteilung im Außenbetrieb.

Das Speditionsunternehmen weist wie wohl kein anderes eine starke Zersplitterung in einzelne Betriebsstellen auf. Während die Bank ihre Geschäfte in einem Raum oder Gebäude zusammenfassen kann, der Warenkaufmann ein Büro im Geschäftsmittelpunkt der Stadt und unter Umständen ein aus wirtschaftlichen Gründen von diesem Büro getrenntes Lager besitzt, und in der Industrie Büro, Fabrik und Lager meistens örtlich vereinigt sind, ist der Speditionsgroßbetrieb auf eine ganze Reihe von Betriebsstellen angewiesen. Zunächst ist ein Büro als Mittelpunkt erforderlich, das den Verkehr mit der übrigen Geschäftswelt vermittelt, und das die bei jedem Speditionsfall erforderlichen schriftlichen Arbeiten erledigt. Diese Geschäftsstelle bezeichne ich als Innenbetrieb. Ihm gegenüber steht der Außenbetrieb. der die Güterbewegung und Behandlung nach den vom Büro erteilten Anweisungen ausführt. Der Außenbetrieb zerfällt jeweils nach dem Umfang des Speditionsunternehmens in verschiedene Stellen, deren Arbeitsfeld durch den Charakter des einzelnen Platzes genau voneinander abgegrenzt ist, wodurch die Art der von ihnen durchzuführenden Arbeit festgelegt ist. Die zu einem Großspeditionsunternehmen gehörenden Außenbetriebsstellen zerfallen in das Lagerhaus, das sowohl zur Aufnahme von Gütern mit einer längeren Lagerzeit (Dauerlager) als auch zur Sammlung der von den Verkehrsanstalten oder Kunden eintreffenden Sendungen bestimmt ist, die bereits mit der nächsten Verkehrsgelegenheit wieder zum Abtransport gelangen (Versandlager). Ferner ist in jedem Güterbahnhof der Stadt ein Lagerplatz zu schaffen, in dem die zum Versand mit der Bahn bestimmten oder beim Ausladen empfangenen Güter bis zu ihrer Abfuhr abgestellt werden können. Eine entsprechende Abwicklungsstelle ist ebenfalls für die Schiffsgüter in den einzelnen Häfen einzurichten. Zuletzt kommt hier noch der Fuhrpark in Betracht, der den Gütertransport zwischen den einzelnen Außenbetriebsstellen und der Kundschaft zu übernehmen hat. Ist also die Zuweisung der Arbeitsfälle, wie ich bereits oben bemerkte, durch die Eigenart der einzelnen Betriebsstelle eindeutig festgelegt, so daß sich eine Untersuchung über die zweckmäßigste Form der Arbeitsteilung unter ihnen erübrigt, so entsteht hier doch noch eine zweite Frage, und zwar die nach einer Aufteilung des einzelnen Speditionsfalles zwischen Außen- und Innenbetrieb.

β) Die Arbeitsteilung zwischen Außen- und Innenbetrieb.

Jeder Speditionsauftrag setzt sich zusammen aus dem erforderlichen Schreibwerk und der Güterbehandlung selbst. Während die letztere lediglich der der Natur des Transportes entsprechenden Stelle zufällt, ist bei den schriftlichen Arbeiten eine Teilung zwischen dem Büro und den gutbehandelnden Stellen möglich, und zwar in folgender Weise:

Das Lager bedarf einer Buchführung, die den Ein- und Ausgang einer Sendung aufzeichnet, die richtige Behandlung veranlaßt und die Abrechnung über die Arbeitsleistung ausstellt. Die Verrechnung mit dem Kunden selbst geschieht durch das Büro.

Die Bahnläger der Firma sind nur für vorübergehenden Aufenthalt der Güter bestimmt und erfordern daher keinen Lagerbuchhalter, jedoch kann man ihnen die Arbeit zuweisen, die bei der Ausfertigung der erforderlichen Papiere für Empfang und Versand in Frage kommt.

Die Hafenstellen dienen sowohl der dauernden Lagerung von

Schiffsgütern als auch lediglich dem durch Verfrachten und Löschen entstehenden Güterverkehr. Hier käme also sowohl eine Lagerbuchführung als auch das Ausschreiben der nötigen Papiere in Frage.

Dem Büro verbleibt daher in diesen Fällen die Einleitung des Geschäftes, die Entgegennahme des Auftrages und die Schlußverrechnung mit den Kunden und den übrigen beteiligten fremden Unternehmen, während die oben erwähnten Betriebsstellen die Ausführungsarbeit für die Aufträge zu leisten haben. Diese Form der Teilung hat zwar den Vorteil, daß die Papiere für besonders eilige Sendungen gleich an Ort und Stelle ausgeschrieben werden können, ohne daß erst das Büro die Papiere übersenden muß, aber dagegen stehen schwerwiegende Nachteile:

1. Die Abwicklung eines Auftrages, der stets auf einer schriftlichen Unterlage beruht, wird zerrissen, so daß die Papiere zwischen dem Büro und den übrigen Stellen hin und her gebracht werden müssen, was abgesehen von einer starken Zeitvergeudung die Möglichkeit von Verlusten in sich schließt.

2. Die Abrechnung über die Leistung, mit evtl. Ausnahme des Lagers, die Verbuchung und Einkassierung wird von der Stelle, die die Arbeit geleistet hat, getrennt und ergibt Schwierigkeiten sowohl in der Bewertung der ausgeführten Arbeit, als auch bei Rückfragen von seiten des Kunden über irgendwelche Punkte, die den Transport betreffen.

3. Da die Betriebsstellen auch gemeinsam Aufträge ausführen, z. B. Schiffsgüter gehen mit der Bahn weiter u. a. m., ist eine Fühlungnahme der einzelnen Stellen nur mit Hilfe des Telephons, durch Schriftsätze oder persönliches Vorsprechen möglich, was abermals viel Zeit erfordert und zu Fehlerquellen Anlaß gibt.

Dieser Art der Arbeitsteilung, die der Betriebsstelle die Abwicklung einschließlich der dazu erforderlichen Schreibarbeiten überläßt, steht eine zweite gegenüber, welche die gesamte Schreib- und Verwaltungsarbeit durch das Büro erledigen läßt und den Betriebsstellen lediglich die Arbeit am Gut selbst zuteilt. Auf diese Weise ist es möglich, die erheblichen Nachteile des ersten Systems zu vermeiden. Die Vermittlung zwischen der Betriebsstelle und dem Büro übernehmen Expedienten, die einerseits dem Büro Bericht erstatten über den Stand der Transporte und ihre Besonderheiten und andererseits den Lager- oder Lademeistern neben den erforderlichen Verladepapieren spezielle Anordnungen des Büros übermitteln. Es bedarf wohl keiner besonderen Erwähnung, daß die letzte Form der ersten überlegen ist und darum den Vorzug verdient.

Eine Sonderstellung zu dieser Frage nimmt der Fuhrbetrieb ein, wenn er nicht mit dem Büro in einem Gebäude vereint werden kann. Seine Aufgabe besteht erstens in der Erledigung von selbständigen

Geschäften, z. B. Gütertransporte von Köln nach Brühl durch einen Lastkraftwagen. Die Abrechnung über diese Fälle führt er selbständig aus, da die Arbeit von ihm allein durchgeführt wird. Es wäre hier lediglich die Überweisung der ausgestellten Rechnung an das Büro zur Verbuchung nötig. Zweitens besteht seine überwiegende Arbeit in Bewirkung von Hilfsleistungen, die durch die Umfuhr von Gütern zwischen den einzelnen Verkehrsanstalten und der Kundschaft gebildet werden. Der Fuhrbetrieb stellt hierüber weder Versandpapiere, noch Abrechnungen aus, die für die Nota an den Kunden in Frage kommen, da ein fester Tarif dem Büro die Kosten des einzelnen Transportes ausweist. Die Übermittlung dieser Fuhraufträge durch das Büro bietet ebenfalls keine Schwierigkeit, da hierzu besondere Formulare (Fuhrscheine) verwandt werden können, die alles Erforderliche enthalten. Der Schwerpunkt liegt lediglich in der Verteilung der Aufträge auf die einzelnen Gefährte. Um dieses in der zweckmäßigsten Weise durchführen zu können, muß die Verwaltung des Fuhrbetriebes unbedingt so eng mit dessen Unterkunftsstelle verbunden sein, daß sich zu jeder Zeit leicht eine Übersicht über die zur Verfügung stehenden Wagen ergibt. Aus dem oben Gesagten folgt also, daß der Fuhrpark, falls eine räumliche Vereinigung mit dem Büro nicht möglich ist, stets nur mit seiner Verwaltung von dem übrigen Betriebe abgelöst werden kann.

Wie die Außenbetriebsstellen aufgebaut sind, werde ich bei der Darstellung der betreffenden Abteilung des Innenbetriebes behandeln, um das Ineinandergreifen der einzelnen Arbeitsleistung geschlossen zeigen zu können.

γ) Die Arbeitsteilung im Innenbetrieb.

1. Die Art des einzelnen Geschäftsfalles als Teilungsfaktor (Vertikalschnitte).

Nachdem in den vorigen Abschnitten die Arbeitsteilung im Außenbetrieb und die zwischen Außen- und Innenbetrieb behandelt worden ist, so daß die von den Außenstellen zu leistende Arbeit nach Art und Umfang festgelegt worden ist, wende ich mich nunmehr dem Innenbetrieb zu.

Die erste Aufgabe, die bei der Aufteilung der Gesamtmenge der in einem Speditionsbetrieb zusammenströmenden Aufträge der Lösung harrt, ist die Auswahl eines auf die Binnenspedition zugeschnittenen Gesichtspunktes, der für die Zerlegung dieser Masse maßgebend sein soll. Es muß sich also darum handeln, Speditionsfälle der gleichen Gattung zusammenzufassen. Ein hervorstechendes Merkmal ergibt sich ohne weiteres aus den für das einzelne Gut in Frage kommenden Beförderungsmitteln. Hier sind Güter, deren Transport vom Versender zum

Empfänger durch den Fuhrpark des Spediteurs ausgeführt wird, dort ist es die Eisenbahn, bei anderen wieder das See- oder Flußschiff und endlich gibt es noch viertens eine Gruppe, deren Beförderungsmittel noch nicht bestimmt ist, die Lagergüter. Von diesen Hauptgruppen lassen sich wieder einige weiter aufspalten nach der Art der Beförderung, z. B. die Güter, die mit der Bahn befördert werden, können einzeln als Stückgut, verschiedene Sendungen zu einer Ladung zusammengefaßt als Sammelladung, und endlich ein Gut, das einen ganzen Wagen füllt, als Wagenladung zur Beförderung gelangen.

Während diese Verkehrszweige Güter nach allen Richtungen befördern, mit Ausnahme des Sammelladeverkehrs, der nur nach bestimmten größeren Plätzen abfertigt, bildet sich daneben eine zweite Gruppe, die nur eine Verkehrsrichtung bedient. Hierbei handelt es sich um die Zusammenfassung von Transporten nach und von einem Lande, wie z. B. nach nnd von Holland, Italien, Rumänien usw. Der Vorteil dieser Zusammenfassung liegt vor allem darin, daß die in jedem Lande anders gearteten Verkehrsverhältnisse eine bessere Berücksichtigung finden, und so ein schnelleres, sichereres und häufig billigeres Arbeiten ermöglicht wird. Für die Schiffahrt gilt dasselbe nicht in dem Maße wegen ihrer gegen den Bahnverkehr etwas zurücktretenden Bedeutung im Kölner Speditionsbetrieben. Wird auch diese Aufteilung den an sie gestellten Anforderungen noch nicht gerecht, so kann jeder einzelne Verkehr wieder in Ein- und Ausgang zerlegt werden, so daß man dann z. B. den Stückgutverkehr in Abteilungen für Stückguteingang und Stückgutausgang aufteilt.

Eine dritte Gruppe befaßt sich lediglich mit der Bearbeitung einer einzelnen Verkehrsader, um hierdurch eine besondere Schnelligkeit im Gütertransport zu erzielen. Zu diesen Eilverkehren gehörten im Frieden in erster Linie die Transporte von Fischen, die von Belgien und Frankreich über Köln ins innere Deutschland gesandt wurden und Gegentransporte von den deutschen Nordseehäfen hatten. Ferner rechnete hierzu der Versand von Blumen und Früchten, der ebenfalls von Frankreich und Belgien über Köln nach Dänemark, Schweden-Norwegen und Rußland lief. Diese Sendungen stellten Massentransporte dar, die von besonderen Eilzügen bewältigt wurden und infolgedessen eine besondere Organisation verlangten. Der Krieg hat diesen Verkehrszweig völlig lahmgelegt, und es wird erst eine geraume Zeit vergehen, bis die sich entgegenstellenden Schwierigkeiten überwunden sein werden. Aus der besonderen Kenntnis, die die allgemeinen und speziellen Verkehrszweige in der Abwicklung voraussetzen, ergibt sich, daß jede Art in einer Abteilung für sich zu behandeln ist.

Jedoch nicht nur Beförderungsmittel, Verkehrsrichtung und -ader setzen besondere Kenntnisse voraus, sondern vielfach auch die Behandlung und Verpackung des Gutes selber. Beim Binnenspediteur handelt es sich im allgemeinen im Gegensatz zum Seehafenspediteur um Stückgüter, die vom Versender in transportfähigem Zustande aufgeliefert werden und in ihrer Ursprungspackung den Empfänger erreichen sollen. Jedoch bestehen einige wichtige Ausnahmen, zu denen vor allem der Möbeltransport rechnet. Er benutzt zwar auch Fuhre, Bahn, Schiff oder Lager, aber zur Ausführung der Transporte sind neben besonderen Hilfsmitteln bei der Beförderung (Möbelwagen, Liftvan) so eingehende Sonderkenntnisse notwendig, daß die Schwierigkeiten, die durch die Beförderungsart entstehen, stark zurücktreten, zumal der Transport auf der Eisenbahn stets als Waggonladung, und zwar meistens in Möbelwagen und bei der Schiffahrt als Stückgut in Packgefäßen stattfindet. Sollten besondere Schwierigkeiten beim Abschluß der Frachtverträge entstehen, so werden die Bahn- und Schiffsabteilungen jederzeit mit ihren Erfahrungen herangezogen werden können. Aus allem diesem ergibt sich, daß sämtliche Möbeltransporte infolge ihrer Eigenart zu einer besonderen Abteilung zusammenzufassen sind.

Ob die Gliederung eines jeden Speditionsbetriebes in der Praxis tatsächlich bis ins einzelne so durchzuführen ist, wird davon abhängen, ob die besondere Arbeitsart in einer solchen Menge vorhanden ist, daß sich für jeden Zweig die Errichtung einer Abteilung lohnt. Es gibt eine ganze Reihe von Betrieben, die irgend einen Verkehrszweig in einem besonderen Maße ausgebaut haben und dafür andere wieder vernachlässigen. Die Folge hiervon ist, daß sich wohl alle Großbetriebe in ihren Grundabteilungen gleichen, aber daneben Sonderheiten je nach der Eigenart ihres Geschäftes aufweisen und daher ein Gebiet stärker in selbständige Abteilungen aufgeteilt haben als ein anderes. Die Gesamtheit dieser Abteilungen, die den Kern des eigentlichen Speditionsbetriebes bilden, fasse ich unter dem Namen Speditionsabteilungen zusammen.

2. Die Zerlegung der Arbeitsmenge eines einzelnen Speditionsfalles (Horizontalschnitte).

Die soeben geschilderte Art der Aufteilung zerlegt zunächst den Betrieb durch vertikale Trennung in nebeneinander arbeitende Abteilungen, d. h. jede Abteilung führt den ihr zufallenden Auftrag von Anfang bis zum Ende aus. Ich setzte jedoch in dem Abschnitt über die Aufgaben der Organisation auseinander, daß die Speditionsabtei lungen von jeder Arbeit, die nicht zur Ausführung des Transportes selbst gehört, aus Gründen der Schnelligkeit in der Ausführung nach Möglichkeit zu befreien sind. Die Aufgabe dieses Abschnittes wird es sein festzustellen, welche gleichgeartete Arbeit sich bei jedem Auftrag wiederfindet und daher abzutrennen ist. Aus dieser Teilung ergeben sich Horizontalschnitte durch sämtliche Speditionsabteilungen, so daß eine Arbeitsteilung in ein Nacheinander hierdurch entsteht.

Vergleicht man die Speditionsabteilungen miteinander vom Standpunkt der Geschäfte, die sie tätigen, so findet man, daß sie neben den voneinander verschiedenen Erwerbszweigen, die ihnen durch die Aufspaltung zugewiesen sind, doch einige gemeinsam betreiben. Hierher gehört zunächst das Versicherungsgeschäft.

Die Güter, die dem Spediteur zur Beförderung oder Lagerung übergeben werden, werden gerade heute in den meisten Fällen gegen Verlust oder Beschädigungen jeglicher Art versichert. Es liegt daher nahe, daß der Spediteur seinerseits versucht, die in den einzelnen Speditionsabteilungen eintreffenden Versicherungsaufträge zu sammeln und sie auf diese Weise den Versicherungsanstalten zuzuführen. Hierdurch wird es ihm ermöglicht, mit diesen Unternehmungen Abkommen zu treffen, die ihm für die Vermittlertätigkeit einen kleinen Zwischengewinn lassen.

Ein zweiter Geschäftszweig ist die Übernahme der Verzollung durch die Abteilungen, die einen Auslandsverkehr betreiben. Da von der Zollbehörde eine Einrichtung geschaffen ist, nach der die Zollbeträge der einzelnen Sendungen nicht sofort bar zu begleichen sind, sondern aufgerechnet werden können, um gemeinsam an einem Termin zur Begleichung zu kommen, so ergibt sich auch hier die Notwendigkeit, die Unterlagen über die von den Speditionsabteilungen vorgenommenen Verzollungen zu sammeln, um eine geordnete Abrechnung durchführen zu können.

Endlich kommen hier noch zwei Geschäftszweige in Frage, die ebenfalls von jeder Speditionsabteilung betrieben werden können, das Inkasso und die Vermittlung von Speditionsaufträgen. Beide Arten verlangen keine besondere Organisation, so daß sie für die Bildung besonderer Abteilungen nicht in Frage kommen. Um Wiederholungen zu vermeiden, werde ich die Geschäfte, die diese Zweige zum Gegenstand haben, zusammen mit der Versicherungs- und Verzollungsabteilung unter dem Abschnitt: „Die übrigen Erwerbsabteilungen" behandeln.

Nachdem aus der Gesamtmasse der Arbeit diejenige ausgeschieden ist, die sich lediglich auf den Erwerb bezieht, ist jetzt zu untersuchen, welche Hilfs- oder Verwaltungsarbeiten von der Tätigkeit der Erwerbsabteilungen abzutrennen sind.

Läuft ein Speditionsauftrag ein, so ist er zunächst in einem besonderen Buche, dem Speditionsbuch, einzutragen, das sowohl zu Registrierungszwecken der einzelnen Fälle als auch der Buchhaltung als Unterlage dient. Im allgemeinen führt jede Speditionsabteilung ein eigenes Buch, um gleichartige Fälle zu einer zusammengefaßten Darstellung zu bringen. Diese Arbeit hat mit der eigentlichen Durchführung des Auftrages nichts zu tun und ist daher nach Möglichkeit den Speditionsabteilungen abzunehmen. Man faßt sie zweckmäßigerweise in einer Abteilung zusammen, welche die Eintragungen für sämtliche andere vornimmt. Die Grundbedingung hierfür ist, daß alle Aufträge zunächst hier zusammenströmen, um nach der Aufzeichnung auf die einzelnen Abteilungen verteilt zu werden. Einen treffenden Namen hat die Praxis in der Bezeichnung „Zentralabteilung" gefunden.

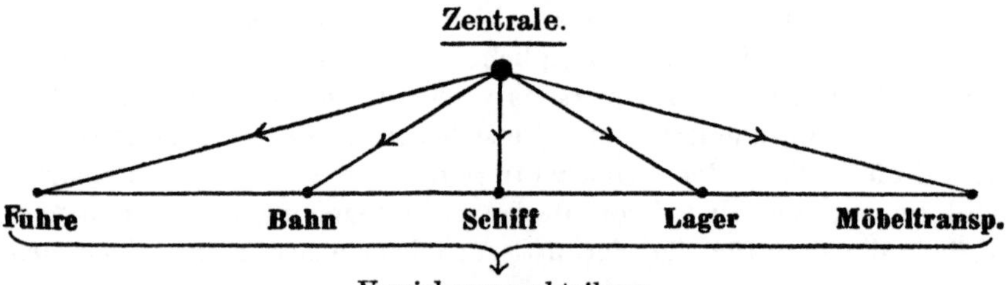

Versicherungsabteilung
Verzollungsabteilung
Korrespondenzabteilung
Eisenbahn- u. Reklamationsabteilung
Berechnungsabteilung
Buchhaltungsabteilung
Kassenabteilung
Kontrollabteilung
Postabteilung
Registratur
Reklameabteilung
Statistische Abteilung

Die Aufteilung des Innenbetriebes.

Ist der Auftrag in einer Speditionsabteilung angelangt, so fertigt diese die nötigen Papiere aus und veranlaßt die Gutbewegung selbst. Gleichzeitig hiermit ist die notwendige Korrespondenz mit den Auftraggebern, Zwischenspediteuren und Empfängern zu erledigen. Da man in Unternehmungen anderer Gewerbe häufig auf eine besondere Korrespondenzabteilung stößt, so ist auch hier die Frage zu untersuchen, ob sich ihre Einrichtung für das Speditionsgewerbe empfiehlt.

Eine weitere Teilung ist durch die Abtrennung der Kontrolle und der Verrechnung der bei Ein- und Ausgang entstehenden Bahnfrachten über das Frachtstundungskonto gegeben. Diese Arbeiten verlangen neben einer gründlichen Tarifkenntnis eine ständige Fühlungnahme mit der Bahn und sind daher von einer besonderen Abteilung, der Eisenbahnabteilung, zu erledigen.

Ist auch dieses geschehen, so erfolgt als nächstes die Aufstellung der Abrechnung an den Auftraggeber und die übrigen Beteiligten. Diese Arbeit wird in der Praxis häufig von besonderen Berechnungsabteilungen durchgeführt. Ob dieses Verfahren zweckmäßig ist, wird eine Untersuchung zu zeigen haben.

Der gesamte Rechnungsverkehr mit fremden Betrieben sowie der Geldverkehr wird wiederum durch besondere Abteilungen, die Buchhaltung und die Kasse, geregelt.

Sämtliche Unterlagen, die entweder die einzelne Speditionsabteilung für die Durchführung der Aufträge geschaffen hat, oder die von anderen Unternehmungen übergeben worden sind, sind nunmehr auf die Richtigkeit ihres Inhalts zu prüfen und abzulegen. Diese Arbeit führt eine Kontrollabteilung aus.

Die Abfertigung der ein- und ausgehenden Post sowie das Kopieren der Briefe und die geordnete Aufbewahrung der gesamten Korrespondenz wird ebenfalls durch besondere Abteilungen, die Postabteilung und Registratur durchgeführt.

Zum Schluß bleiben noch zwei Sonderaufgaben bestehen, und zwar handelt es sich zunächst um die Durchführung der Reklame sowohl für das Betriebsganze als auch für die einzelne Abteilung. Um hier eine Übersicht und vor allem eine zielbewußte und einheitliche Ausführung sicherzustellen, wird sie einer besonderen Reklameabteilung zu übertragen sein.

Für einen Großbetrieb wird es endlich eine unbedingte Notwendigkeit sein, sich am Ende einer Wirtschaftsperiode ein möglichst getreues Bild von der Entwicklung und Arbeitsleistung des Betriebes zu machen, das die Bilanz nicht geben kann. Hierher gehören Personal- und Materialveränderungen und die Messung der geleisteten Arbeit nicht nach ihrem Geldumsatz, sondern an der Güterbewegung. Diese Aufgabe zu lösen, fällt der statistischen Abteilung zu.

Das Ergebnis der Arbeitsteilung, die sich aus der vertikalen und horizontalen Gliederung ergibt, fasse ich dahin zusammen, daß sie nicht nur die größte Aufspaltung des Betriebes zeigt, sondern gleichzeitig durch das Herauswachsen der auf die folgenden Abteilung entfallende Arbeit aus der der vorangegangenen die einzelnen Glieder zu einem festen Organismus zusammenfügt. Das Schema auf Seite 16, in dem als Speditionsabteilungen der besseren Übersicht wegen nur die fünf Grundabteilungen eingesetzt sind, stellt die Aufteilung des Innenbetriebes in ein Neben- und Nacheinander dar.

c) Die Abteilungen des Speditionsbetriebes.

α) Die Zentrale.

Der Zentralabteilung fällt als Hauptaufgabe die Registrierung der einlaufenden Aufträge zu, wie ich bereits auf Seite 16 erwähnte. Da jedoch die Zusammenfassung dieser Arbeit in nur wenigen Betrieben durchgeführt ist, vielmehr die Mehrzahl selbst der Großbetriebe noch bei dem alten System der Speditionsbuchführung durch die Speditionsabteilungen geblieben ist, so beginne ich mit der Darstellung des Speditionsbuches und seiner Handhabung, um dann zur Besprechung der Zentralabteilung, der nächsten Stufe der Betriebsteilung, überzugehen.

Das HGB. schreibt im § 38 dem Kaufmann die Führung von Handelsbüchern vor, aus denen seine Geschäfte sowie die Lage seines Vermögens zu ersehen sein sollen. Während die Bücher zur Aufzeichnung der Vermögenslage und derenVeränderung in der Buchhaltung geführt werden, bedarf das Speditionsgeschäft noch eines anderen Buches, in dem die einzelnen Speditionsfälle, d. h. die Güterbewegung im Gegensatz zur Geldbewegung aufgeführt werden. Diese Registrierung ist um so wichtiger, da nicht über jeden Einzelfall Korrespondenzen oder andere schriftliche Unterlagen des Betriebes bestehen, auf die zurückgegriffen werden könnte. Es erweist sich daher in sinngemäßer Auslegung des § 38 HGB. für den Spediteur als dringend notwendig, jede Spedition derart zu fixieren, daß es noch nach langer Zeit möglich ist, sich ein Bild über ihre Abwicklung mit allen ihren Einzelheiten sowie über die Abrechnung mit ihren Hauptdaten zu verschaffen.

Diese letzte Tatsache benutzend, verbinden viele Betriebe, namentlich kleinere, mit diesem Buch gleichzeitig den Zweck, sich eine Unterlage für ihre Buchhaltung zu schaffen, die hiernach ihre Eintragungen vornimmt. Für einen Großbetrieb ist es jedoch kaum möglich, diesen Gesichtspunkt mit zu verwenden, da durch den Gebrauch dieses Buches durch zwei Abteilungen die eine Abteilung ständig von der anderen abhängig wäre, und hierdurch ein geregelter Arbeitsgang in Frage gestellt sein würde. Diesem Übelstand andererseits durch die Einrichtung von zwei gleichartigen Büchern abzuhelfen, so daß sie tageweise zwischen Betriebsabteilung und Buchführung ausgewechselt werden können, wie etwa die Kassenprimanota in einer Bank, führt ebenfalls zu Schwierigkeiten, weil dadurch die Aufzeichnung nach der zeitlichen Aufeinanderfolge der einzelnen Fälle stark gestört wird, und dadurch der Faktor Zeit bei dem Aufsuchen eines einzelnen Falles wenn auch nicht ganz ausgeschaltet, so doch in seiner Bedeutung wesentlich vermindert wird.

Um alle vorkommenden Fälle eines Betriebes zur Aufzeichnung zu bringen, ist von jeder Speditionsabteilung ein Speditionsbuch (Form. 1, siehe Tafel am Schluß des Buches) zu führen. Für alle diejenigen Abteilungen, die eine Verkehrsrichtung im Ein- und Ausgang bearbeiten, empfiehlt es sich, je ein Buch für die eingehenden und ausgehenden Sendungen anzulegen, um so die Schnelligkeit in der Wiederauffindung einzelner Posten zu fördern.

Da keine Vorschrift über die Einteilung des Buches besteht, so findet man in der Praxis die verschiedensten Formen, die besonders dadurch variiert werden, daß man die Einteilung des Buches den Sonderanforderungen der einzelnen Abteilungen anzupassen sucht. Auf alle diese kleinen Verschiedenheiten einzugehen, lohnt sich nicht, zumal da sie eine grundlegende Veränderung des Buches nicht bedeuten.

Von dem Gedanken ausgehend, daß das Speditionsbuch ein getreues Bild aller wichtigen Einzelheiten liefern soll, habe ich im folgenden ein Schema aufzustellen versucht, das sich in jeder Speditionsabteilung mit einkommendem oder ausgehendem Verkehr verwenden läßt. Eine Ausnahme hiervon bildet lediglich die Lagerabteilung, die in dem Lagerbuch eine genaue Darstellung des Eingangs der an sie unmittelbar adressierten Güter sowie des Ausgangs vornimmt.

Das Speditionsbuch ist doppelseitig eingerichtet, und zwar so, daß die linke Seite die Daten für den Eingang des Gutes in den Betrieb und die rechte Seite die für den Ausgang aus dem Betrieb aufnimmt. Die Anordnung der Spalten ist wie folgt:

Linke Seite:

Spalte 1 enthält das Datum der Eintragung.

Spalte 2 gibt in fortlaufender Reihenfolge jedem Speditionsfall seine Kennummer, mit der sämtliche zu dem Fall gehörigen Papiere gekennzeichnet werden. Werden mehrere Bücher in einer Abteilung geführt, so muß zu der Nummer auch noch das Buchzeichen hinzutreten.

Spalte 3 bezeichnet die Art der Anmeldung des Auftrages.

Spalte 4 bezeichnet den Versender.

Spalte 5 gibt den Absender an, falls ein solcher in Anspruch genommen wurde.

Spalte 6 bezeichnet den Abgangsort, der weder mit dem Wohnort des Absenders, noch dem des Versenders zusammenzufallen braucht.

Spalte 7 läßt die Transportzeit bis zum Eintreffen im eigenen Betriebe erkennen.

Spalte 8 nennt das Transportmittel.

Spalten 9—13 enthalten eine Beschreibung der Sendung.

Spalten 14 und 15 geben Entladeplatz und -datum an, was bei Reklamationen das Auffinden der Sendungen in den Bahnbüchern erleichtert.

Spalten 16—19 verzeichnen die beim Eingang gemachten Auslagen getrennt nach Fracht, Zoll, Nachnahme und sonstigen Spesen.

Rechte Seite:

Spalte 21 bezeichnet den Empfänger.

Spalte 22 gibt den Empfangs- oder Zwischenspediteur an.

Spalte 23 den Bestimmungsort, der von dem Wohnort des Empfängers und Zwischenspediteurs verschieden sein kann.

Spalten 24—28 lassen die Weiterbeförderung erkennen, und zwar gibt Spalte 24 die Art der Benachrichtigung des Empfängers mit Datum an.

Spalten 25 und 26 nennen die Verladepapiere mit Ausfertigungsdatum.

Spalte 28 nimmt eine genaue Bezeichnung der Versendungsart auf, und zwar nicht nur des Transportmittels, sondern auch der Beförderungsart wie Eil-, Stück-, Expreßgut.

Spalte 29 wird an Stelle der Spalten 21—28 in Frage kommen, wenn eine ankommende Sendung zu Lager geht. Die Sendung wird dann dieser Abteilung überschrieben.

Spalte 30 macht ersichtlich, ob die Fracht beim Abgang bezahlt resp. verrechnet wurde.

Spalten 31 und 32 geben Aufschluß über die bei der Wiederhinaussendung entstandenen Kosten an Fracht und Zoll.

Spalte 33 enthält die Nachnahme des Versenders oder Absenders.

Spalte 34 nimmt die übrigen entstandenen Spesen auf, in denen der Gewinn des eigenen Unternehmens mit liegt, sowie die Summen von Spalten 16 und 19.

Spalte 35 ergibt den gesamten vom eigenen Geschäft weiterberechneten Betrag, der sich aus denen der Spalten 31—34 zusammensetzt.

Spalte 36 gibt die Inrechnungstellung des Betrages durch Nachnahme oder Nota an, verbunden mit dem Datum der Ausfertigung (Spalte 37).

Spalte 38 ist zur Aufnahme von irgendwelchen Bemerkungen bestimmt, die für die Sendung sonst noch in Frage kommen können.

Die Eintragungen in dieses Buch geschehen zweckmäßigerweise nicht erst, wenn der einzelne Fall abgewickelt ist, sondern sofort bei seiner Entstehung, um eine Kontrolle über den Wiederausgang zu schaffen. Nach Erledigung des Speditionsfalles sind die noch fehlenden Angaben nachzutragen. Bleibt diese Ergänzung im regelmäßigen Geschäftsverkehr aus, so wird der Buchführer veranlaßt, nach der Ursache zu forschen. Diese automatische Kontrolle ist von großer Wichtigkeit, was man verstehen wird, wenn man bedenkt, daß sich in der Papierflut eines Speditionsgeschäftes leicht ein Schriftstück in ein anderes schieben kann und dadurch verschwindet. Da ein Gut aber nur von dem Innenbetrieb in Bewegung gesetzt wird, so würde bei Abhandenkommen des Papieres leicht der Fall eintreten, daß eine Sendung liegen bleibt, bis von seiten des Empfängers oder Versenders Anfragen über ihren Verbleib einlaufen, was stets mit Unannehmlichkeiten und Kosten für den Betrieb verknüpft sein wird.

Die Anlage eines Registers für die Speditionsbücher erscheint nicht erforderlich, da an den besonderen Kennzeichen, die wohl jede Sendung aufweist, der einzelne Posten nicht unschwer aufzufinden ist, zumal dann wenn ein Speditionsbuch nur ein engbegrenztes Feld von Geschäftsfällen aufnimmt. Eine Registrierung würde zudem auch umständlich und zeitraubend sein, da sie, um Anspruch auf Vollständigkeit machen zu können, den Namen des Versenders, Absenders, Zwischenspediteurs und Empfängers aufweisen müßte.

Ist der Speditionsfall registriert, so gibt der Buchführer die Unterlagen an seine Abteilung zur weiteren Bearbeitung. Hierbei macht sich jedoch ein Übelstand bemerkbar, der darin besteht, daß jeder, durch dessen Hände die Papiere laufen, sich die Einzelheiten aus den manchmal sehr zahlreichen zu einem Speditionsfall gehörigen Unterlagen wie Verlade- und Zollpapiere, Versandvorschriften, Quittungen über Auslagen usw. heraussuchen muß, was, abgesehen von einem Zeitverlust, durch die Unübersichtlichkeit zu zahlreichen Fehlerquellen sowohl bei der Expedition selbst als auch bei der Abrechnung Veranlassung gibt. Eine Abhilfe schaffte man sich in der Praxis dadurch, daß der Abteilungsleiter die Papiere eines einzelnen Falles zusammenfaßte und sie mit einem Zettel versehen, der die wichtigsten Angaben trug, den Hilfskräften übergab. Dieser oder jener findige Kopf ist dann dazu übergegangen, die Angaben des Zettels bestimmten Gesichtspunkten einzuordnen und sie zu einem Vordruck auszubauen. Da auch hier wieder wie beim Speditionsbuch die Gestaltung ganz von dem Formungswillen des einzelnen Leiters abhängig ist, so findet man zahlreiche verschiedene Arten vom einfachen Zettel mit Vordruck bis zum ganzen Bogen, dem Speditionsbogen oder der Vorlage, der nach seiner Aufteilung weit genauere Angaben als das Speditionsbuch verlangt. Die Folge hiervon ist, daß man doppelte Arbeit zu leisten hat. Um dieses zu vermeiden, beschränkt man beim Gebrauch der ausführlichen Speditionsbogen die Eintragungen in das Buch auf das notwendigste Maß und macht aus ihm lediglich ein Verzeichnis über die ausgeschriebenen Speditionsbogen (Speditionsbogenverzeichnis). Die Aufgabe des Verzeichnisses besteht nunmehr darin, jeden einzelnen Fall durch Aufzeichnung in zeitlicher Reihenfolge und fortlaufender Numerierung eine Kennziffer zu geben, die das Merkzeichen für den zugehörigen Speditionsbogen und die übrigen Papiere bildet. Einer besonderen Kontrolle über den Wiederausgang durch das Speditionsbogenverzeichnis bedarf es nicht, da die Bogen fortlaufende Nummern tragen, so daß die Kontrollabteilung das längere Fehlen einer Nummer bemerken würde.

Die Arbeit geht also so vor sich, daß der einlaufende Auftrag mit den notwendigsten Angaben in das Bogenverzeichnis eingetragen wird und hierdurch eine Nummer erhält. Hierauf wird ein Speditionsbogen, der wie die übrigen Unterlagen mit der gleichen Nummer versehen wird, mit allen Einzelheiten ausgeschrieben und zur Ausführung des Auftrages der Abteilung übergeben, die jeweils nach den vorgenommenen Arbeiten die Eintragungen in den Bogen ergänzt. Auf diese Weise wird eine Möglichkeit geschaffen, jede wichtige Einzelheit in der Abwicklung sofort bei ihrem Bekanntwerden festzuhalten, was von besonderer Wichtigkeit ist, da ein Auftrag bis zur endgültigen Erledigung oft viele Hände durchläuft.

Das Speditionsbogenverzeichnis (Form. 2) ist als einseitiges, tabellenförmiges Buch gedacht, das in Spalte 2 entweder mit dem Kalender- oder Geschäftsjahr beginnend die einlaufenden Aufträge mit

Speditionsbogenverzeichnis.

Eintragungs-Datum	Speditions-Nr.	Versender	Absender	Abgangsort	Datum		Transport-mittel		Empfänger	Empfangs-Spediteur	Bestimmungs-station	Warenbezeichnung					
					Abgang	Ankunft	Eingang	Ausgang				Zeichen	Nr.	Zahl	Art	Inhalt	Gewicht

Form. 2.

fortlaufenden Nummern, der Speditionsnummer, kennzeichnet. Die Ausfüllung der übrigen Spalten ergibt sich aus der Beschreibung des Speditionsbuches, dem sie entnommen sind. Ein besonderes Register für das Speditionsbogenverzeichnis erscheint hier ebenso überflüssig wie beim Speditionsbuch selbst.

Nach den Eintragungen in das Buch stellt der Führer des Verzeichnisses den Bogen selbst aus, soweit es ihm möglich ist. Der Speditionsbogen (Form. 3) ist im Aktenformat gehalten und enthält Vordrucke, die alle Einzelheiten der Behandlung und Berechnung des einzelnen Falles aufnehmen sollen. Ein näheres Eingehen auf jeden einzelnen Posten dürfte sich erübrigen, da besondere Schwierigkeiten bei der Ausfüllung nicht vorhanden sind. Die Kolonne 1 auf Seite 1 bleibt für die Erledigungsvermerke der an der Abwicklung beteiligten Abteilungen frei. Seite 2 ist zur Aufnahme aller Vorlagen bestimmt, die bei Einlösung der Sendung aufgewandt werden mußten. Die besondere

Datum.

Speditionsbogen Nr.............

	Spedit.-Abt.	Eisenb.-Abt.	Buchhaltung	Kasse	Kontrollabt.
Eingang					
Ausgang					

Versender:	Empfänger:
Absender:	Empfangsspediteur:

Auftragserteilung durch:

Eingang	Einzelheiten der Beförderung Ausgang
Transportmittel:	Umfuhr:
Frankaturvermerk:	Bestimmungsort:
Abgangsort:	Transportmittel:
Abgangsdatum:	Frankaturvermerk:
Ankunftsort:	Verladeort:
Ankunftsdatum:	Verladepapiere:
Entladungsort:	Verzollung:
Verzollung:	Abgangsanzeige:
Abfuhr:	Ausgeliefert:

Beschreibung der Sendung.

Zeichen	Nr.	Zahl	Art	Inhalt	Gewicht	Bemerkungen

eingelagert:	Lagerquittung:
ausgelagert:	
Versicherung:	Anzahl der Anlagen:

Form. 3. Seite 1.

Verauslagte Beträge:

	Betrag	
Fracht		
Nachnahme		
Wagenstandgeld		
Wiegegeld		
Werftgeld		
Zoll		

Form. 3. Seite 2.

Abrechnung

Versender: Absender:			Empfänger:	
Betrag			Betrag	
		Nachnahme des Versenders		
		Nachnahmeprovision		
		Vorfracht		
		Bahnfracht		
		Hafenfracht		
		Seefracht		
		Frachtvorlageprovision		
		Ausladen aus Schiff oder Waggon		
		Einladen in " " "		
		Zoll		
		Zollvorlageprovision		
		Zollspesen		
		Lagergeld		
		Einlagern		
		Auslagern		
		Rollgeld		
		Versicherung		
		usw.		
		Summe		

Berechnet durch:

am:

Form. 3. Seite 3.

Aufmachung dieser Auslagen empfiehlt sich, um diese bei der erst später erfolgenden Abrechnung auf Seite 3 vor Augen zu haben. Auf Seite 3 befindet sich der Vordruck für die Abrechnung, die entweder den Empfänger und Absender oder Empfänger und Versender betreffen kann. Besteht eine Sendung aus mehreren selbständigen Teilen, wie es z. B. im Wesen der Sammelladung liegt, so wird über den Wagen ein Speditionsbogen und über jede Sendung eine Einlage (Form. 4) ausgestellt, die alles Wesentliche jedes Ladungsteiles aufnimmt.

Nachdem es auf diese Weise möglich geworden ist, sich vom Speditionsbuch unabhängig zu machen, kann man hier noch einen Schritt in der Arbeitsteilung weitergehen und die Speditionsabteilungen von der Führung des Bogenverzeichnisses und der Ausschreibung der Speditionsbogen befreien, indem man diese Arbeit einer besonderen Abteilung, der Zentrale, zuweist. Die Darstellung dieser Abteilung, die eigentlich in dem Abschnitt δ „Die Verwaltungsabteilungen" zu erfolgen hätte, nehme ich hier vor, um das Ineinandergreifen der einzelnen Abteilungen bei Erledigung eines Geschäftsfalles besser zeigen zu können.

Was die Auswahl des Leiters der Zentrale anbetrifft, ist zu bemerken, daß er mit den sämtlichen Geschäften eines Speditionsunternehmens und deren Abwicklung vertraut sein muß, um den Anforderungen, die diese Dispositionsarbeit an ihn stellt, gerecht zu werden. Er empfängt zunächst von der Direktion alle mit der Post einlaufenden Speditionsaufträge und verteilt sie auf die einzelnen Bogenverzeichnisse, von denen je eins entweder den gesamten Verkehr einer Speditionsabteilung oder bei einer weiteren Aufteilung nur deren Ein- oder Ausgänge umfaßt.

Laufen bei den einzelnen Speditionsabteilungen selbst telephonische Anmeldungen ein, so gibt die betreffende Annahmestelle die Hauptdaten auf einem Zettel zur Zentrale, auf Grund dessen ebenfalls Eintragung und Ausstellung des Bogens erfolgt.

Um die Verteilung der Bogen auf die Abteilungen nachweisen zu können, legt sich jeder Verzeichnisführer ein Notizbuch an, indem er sich von der empfangenden Abteilung die Nummer des verabfolgten Bogens quittieren läßt. Die empfangende Abteilung deckt sich bei Weitergabe auf dieselbe Weise, so daß über den Weg des Bogens bis zur Kontrolle ein geschlossener Kreis von Quittungen entsteht, der bei Abhandenkommen eines Bogens leicht die letzte Bearbeitungsstelle erkennen läßt, und damit oft ein Mittel zu seiner Wiederauffindung liefern wird. Die Wahrscheinlichkeit, daß ein Bogen vollkommen in Verlust gerät, ist bei seiner Größe verhältnismäßig gering, da er nur für den inneren Betrieb bestimmt ist und daher die Geschäftsräume nicht verläßt. Die Quittungsbücher werden neben der Kontrolle einen

Speditionsbogen Nr. .... Datum.

Einlage Nr.

	Spedit.-Abt.	Eisenb.-Abt.	Buchhaltung	Kasse	Kontrollabt.
Eingang					
Ausgang					

Versender:	Empfänger:
Absender:	Empfangsspediteur:

Auftragserteilung durch:

Eingang	Einzelheiten der Beförderung Ausgang
Transportmittel:	Umfuhr:
Frankaturvermerk:	Bestimmungsort:
Abgangsort:	Transportmittel:
Abgangsdatum:	Frankaturvermerk:
Ankunftsort:	Verladeort:
Ankunftsdatum:	Verladepapiere:
Entladungsort:	Verzollung:
Verzollung:	Abgangsanzeige:
Abfuhr:	Ausgeliefert:

Beschreibung der Sendung.

Zeichen	Nr.	Zahl	Art	Inhalt	Gewicht	Bemerkungen

eingelagert:	Lagerquittung:
ausgelagert:	
Versicherung:	Anzahl der Anlagen:

Form. 4 (Vorderseite).

Abrechnung

Versender: Absender: Betrag			Empfänger: Betrag	
		Nachnahme des Versenders		
		Nachnahmeprovision		
		Vorfracht		
		Bahnfracht		
		Hafenfracht		
		Seefracht		
		Frachtvorlageprovision		
		Ausladen aus Schiff oder Waggon		
		Einladen in „ „ „		
		Zoll		
		Zollvorlageprovision		
		Zollspesen		
		Lagergeld		
		Einlagern		
		Auslagern		
		Rollgeld		
		Versicherung		
		usw.		
		Summe		

Berechnet durch:

am:

Form. 4 (Rückseite).

Druck zur möglichst schnellen Erledigung der Aufträge bei den einzelnen Abteilungen ausüben, da sich aus ihnen die Aufenthaltsdauer des Speditionsbogens bei den Bearbeitungsstellen feststellen läßt. Für unbedingt erforderlich halte ich dieses Quittungssystem nicht, wenn es sich um einen gut eingearbeiteten Betrieb handelt, aber immerhin hat man durch diese kleine Mühe eine Zwangsläufigkeit in der Kontrolle des Bogenumlaufes geschaffen, die im gegebenen Augenblick gute Dienste leisten wird.

Der Weg, den der Speditionsbogen im Betrieb zu durchlaufen hat, ist nicht stets der gleiche, sondern richtet sich nach dem einzelnen Speditionsfall:

Die einkommenden Aufträge gelangen zur Zentrale, wo der Bogen ausgestellt wird, von hier läuft er zu den Speditionsabteilungen. Kommt bei der Abwicklung des Falles die Beanspruchung der Eisenbahn in Frage, so durchläuft er die Eisenbahnabteilung. Andernfalls wird er der Berechnungsabteilung unmittelbar übergeben, wo er mit den Bogen zusammentrifft, die von der Eisenbahnabteilung bearbeitet worden sind. Sämtliche Bogen gelangen dann zur Buchhaltung, die sie ihrerseits nach vollzogener Buchung der Kasse oder der Kontrolle übergibt. Die Kontrolle bewahrt die Bogen nach eingehender Prüfung in der Reihenfolge ihrer Kennummern gesammelt auf.

Vergleiche ich zum Schluß nochmals die Möglichkeiten in der Aufzeichnung der Speditionsfälle, so ergibt sich folgendes:

1. Das von jeder Abteilung geführte Speditionsbuch weist eine Schwerfälligkeit im Betriebe auf und ist daher nur für kleinere Unternehmen geeignet.

2. Das Speditionsbogenverzeichnis mit der Ausstellung der Bogen hat den Vorzug, daß mit einer einmaligen Eintragung die Registrierungsarbeit erledigt ist. Der Speditionsbogen selbst kann nunmehr die einzelne Abteilung, sei es Speditions- oder Verwaltungsabteilung, durchlaufen, wo er als Unterlage zur Ausführung des Geschäftsfalles dient. Endlich ist durch ihn ein Mittel geschaffen, das sämtliche wichtige Bemerkungen und Abrechnungen aufnimmt, die in irgendeiner Abteilung bei der Ausführung des Geschäftes entstehen, so daß für die Abrechnung des Speditionsfalles mit dem Kunden die denkbar beste Grundlage geschaffen ist.

3. Ob die Trennung der Registrierarbeit von der Abteilung und ihre Zusammenfassung in einer Zentrale stets das beste System ist, läßt sich nicht ohne weiteres bejahen. Entscheidend hierfür ist die vorhandene Arbeitsmenge. Die Schreibarbeit, die bei einem Fall auszuführen ist, bleibt sich gleich, ob sie von der Zentrale oder der Speditionsabteilung geleistet wird. Wächst jedoch gelegentlich die Arbeit über das Leistungsvermögen eines Buchführers hinaus, so kann in der Zentrale ein zweiter aushelfen, da wohl kaum alle Bogenverzeichnisse zugleich eine Zunahme der Eintragungen aufweisen werden. Anders dagegen verhält es sich in den Speditionsabteilungen, in denen der weniger beschäftigte Buchhalter andere Arbeiten übernimmt und nicht zur Aushilfe bereit ist, so daß bei einer Arbeitshäufung die in Frage kommende Abteilung selbst einspringen muß und dadurch noch stärker belastet wird. Hierin mag also ein kleiner Vorteil der Zentrale liegen, so daß ich ihr Bestehen im folgenden voraussetze.

β) Die Speditionsabteilungen.

Im folgenden Abschnitt komme ich zur Besprechung der Speditionsabteilungen, die zusammen mit den unter γ zu behandelnden übrigen Erwerbsabteilungen die Seele des Speditionsgeschäftes bilden. Um Wiederholungen zu vermeiden, werde ich nicht sämtliche Speditionsabteilungen, die durch eine Vertikalteilung denkbar sind, zur Darstellung bringen, sondern nur deren Grundformen im Ein- und Ausgang, wobei ich Abweichungen, die durch den Auslandsverkehr entstehen, besonders erwähnen werde.

1. Der Fuhrbetrieb.

Der Fuhrbetrieb hat zwei verschiedene Aufgaben zu lösen. Einmal kommt er als Hilfsbetrieb in Betracht, und zwar in den Fällen, in denen er die Umfuhr von Gütern zwischen Kunden und Lade- oder Löschstelle vermittelt. Daneben führt er selbständige Geschäfte durch, so z. B. die Autotransporte zwischen Kölner Kunden und der näheren Umgebung, wodurch er den Charakter einer Speditionabteilung erhält.

Die wirtschaftliche Verbindung zwischen Fuhrbetrieb und Speditionsunternehmen kann sehr verschieden geartet sein. Der Grund für die mehr oder minder lose Verbindung liegt darin, daß zur Verwaltung eines Fuhrunternehmens eine Persönlichkeit gehört, die mit Ankauf und Behandlung von Pferden vertraut ist, so daß eine wirksame Beaufsichtigung der Kutscher, eine Überwachung der Pferdepflege und vor allem eine gute Arbeitsleistung gewährleistet wird. Sind in dem Fuhrpark außerdem noch Kraftwagen eingestellt, so sind auch hierfür Fachkenntnisse erforderlich, um die Leistungsfähigkeit, den Betriebsmittelverbrauch, die fachmännische Reinigung und Reparatur der Wagen überwachen zu können. Diese Anforderungen haben in vielen Betrieben dazu geführt, sich von der Verwaltung des Fuhrbetriebes zu befreien. Er wird alsdann aus dem übrigen Geschäftsorganismus losgelöst und erhält einen Verwalter, der am Gewinn des Fuhrparks beteiligt wird. Wie ein solcher Vertrag im einzelnen zu gestalten ist, wird sich danach richten, wer die Betriebsmittel zu beschaffen und die Reparaturen auszuführen hat.

Neben diesen beiden Formen der des Eigenbetriebes und der der selbständigen Verwaltung ist endlich noch eine dritte üblich, die des Vertragsschlusses mit einem fremden Fuhrunternehmen, durch den dieses verpflichtet wird, sämtliche angemeldeten Fuhraufträge sofort auszuführen. Der Spediteur ist andererseits gehalten, alle Fuhren diesem Betrieb zu überweisen, wofür ihm eine Ermäßigung der Fuhrsätze gewährt wird. Große Speditionsunternehmungen, die einen lebhaften Güterverkehr aufweisen, werden jedoch kaum diese dritte Form wählen, da die Verfügungsfreiheit über die Gefährte nur in sehr beschränktem Maße besteht.

Da sich die vorliegende Arbeit lediglich mit dem Speditionsunternehmen zu befassen hat, das einen eigenen Fuhrpark besitzt, so scheidet die dritte Form aus den Betrachtungen aus. Ob der Fuhrpark innerhalb des Betriebes wirtschaftlich selbständig ist oder nicht, ist für die Frage seiner Organisation im allgemeinen ohne Belang und kann gleichfalls unberücksichtigt bleiben.

Wie ich bereits oben auseinandersetzte, kann der einzelne Transportfall entweder ein selbständiges Geschäft des Fuhrparks oder nur eine Ausführungsleistung für eine andere Speditionsabteilung darstellen. Im ersten Falle ist ein Speditionsbogen auszustellen, der dem Fuhrbetrieb zur Ausführung des Transportes zu übergeben ist. Der Fuhrbetrieb schreibt nunmehr selbst die zur Durchführung erforderlichen Papiere aus und läßt den Speditionsbogen nach Erledigung des Geschäftes auf demselben Wege den Betrieb durchlaufen, der auch für die Bogen anderer Speditionsabteilungen in Frage kommt. Im zweiten Falle befindet sich der Speditionsbogen bei den betreffenden Abteilungen, die dem Fuhrbetrieb einen Fuhrschein (Form. 5) als Unterlage für den auszuführenden Transport übermitteln.

(Stempel der ausstellenden Abteilung) (gedruckte fortlaufende Nummer)

Fuhrschein.

Datum	Sped.-Bog. Nr.	Zeichen und Nr.	Zahl	Art	Gewicht	zu befördern		Nachnahme	Quittung	Bemerkungen
						von	nach			
1	2	3	4	5	6	7	8	9	10	11

Form. 5.

Die Fuhrscheine sind vorgedruckte Formulare, die in Form von Zettelblöcken oder -büchern gebunden sind, und zwar so, daß mit Hilfe von Blaupapier jedesmal zwei Scheine ausgefertigt werden, von denen einer, der nicht mit einer Perforierung versehen ist, im Buche bleibt, während der andere zum Fuhrbetrieb wandert. Um den Abteilungen unnötige Wege zu ersparen, empfiehlt es sich, im Hauptbüro Sammelkasten aufzustellen, die vor jeder Ausfahrt von der Fuhrabteilung geleert werden. Da der Fuhrschein ein wichtiges Papier im inneren Betriebe bildet, so sind die Bücher fortlaufend durch ein Geschäftsjahr zu numerieren, so daß die beiden Scheine einer Ausfertigung dieselbe Nummer tragen. Außerdem sind sie mit dem Stempel der ausstellenden Abteilung zu versehen. Zur Abrechnung der Fuhrkosten dient der Schein nicht, da jede Abteilung einen gedruckten Fuhrtarif hat, der die von der Vereinigung Kölner Spediteure nach Gewicht und Transportentfernung festgesetzten Preise aufweist. Die ausstellende Abteilung trägt daher den aus dieser Tafel sich ergebenden Fuhrlohn sofort selbst in den Speditionsbogen ein.

Die Ausfüllung des Fuhrscheins ergibt sich aus dem Vordruck von selbst. Wichtig ist hier wieder die Spalte, die die Speditionsbogennummer aufnimmt und die Zugehörigkeit des Fuhrscheins feststellt. Spalte 9 kommt in Frage, wenn das Gut gegen Nachnahme ausgeliefert wird. Spalte 10 ist für die Quittung des Empfängers bestimmt.

Fuhrschein für Umzüge.

(Datum) Speditionsbogen Nr. (fortlf. gedruckte Nr.) Für den Umzug: (Name und Straße)	
sind zu gestellen:	
am:	
Packer:	Arbeitsstunden:
Packmaterial:	
am:	
Möbelwagen:	
Anfuhr: (Zeit)	Ort:
Abfuhr: (Zeit)	Ort:
Arbeiter:	Arbeitsstunden:
Bemerkungen:	

Form. 6.

Einen besonderen Fuhrschein benötigt die Möbeltransportabteilung, den Fuhrschein für Umzüge (Form. 6). Auf ihm ist für den Fuhrbetrieb die Art, Gestellungszeit und -ort des Wagens, sowie das erforderliche Packmaterial und die Abfuhr ersichtlich zu machen. Ferner sind hierauf die Anzahl der Packer und Hilfsarbeiter anzufordern, so weit der Fuhrpark diese Aufgabe mit übernimmt. Im allgemeinen wird jedoch die Möbeltransportabteilung die Packer selbst anstellen. Der Fuhrschein wird ebenfalls in doppelter Ausfertigung ausgeschrieben.

Der Weg, den der Fuhrschein zu durchlaufen hat, ist verschieden, und zwar:

1. bei Ablieferung des Gutes durch den Fuhrmann wird ein Betrag erhoben: Hier wandert der Fuhrschein mit den Begleitpapieren zur Fuhrabteilung und gelangt nach Zustellung des Gutes zur Kasse, wo er mit dem Speditionsbogen vereinigt und der Kasse übergeben wird.

2. In allen anderen Fällen kehrt er von der Fuhrabteilung wieder zur Speditionsabteilung zurück und tritt von hier aus mit dem Speditionsbogen seinen Umlauf durch die übrigen Abteilungen an.

Das Streckenbuch.

Datum:	Abfahrt:	Überstunden:	Zulagen:
Name des Fahrers:	Rückkehr:		
Name des Begleiters:	Gefahrene Kilometer:		
Bezeichn. des Gefährtes:	Nr. des Anhängers:		

Name	Ort	Nr. des Fuhrscheines	Gewicht	Nachnahme	Quittung

Form. 7.

Die von den Abteilungen beim Fuhrbetrieb einlaufenden Fuhrscheine werden nach Gewicht und Ziel des Gutes zu Fahrten zusammengestellt, soweit sie nicht auf solchen Strecken erledigt werden können, die zum täglichen Besuche von festen Kunden eingerichtet sind. Diese Arbeit verlangt eine gründliche Kenntnis der Leistungsfähigkeit der einzelnen Gespanne wie Lastkraftwagen und eine gute Ortskenntnis. Um eine geordnete Durchführung der einzelnen Aufträge zu ermöglichen und gleichzeitig statistische Unterlagen über die Leistung des einzelnen Fahrers und Wagens zu schaffen, ist die Einrichtung eines Streckenbuches (Form. 7) zu empfehlen, das für jeden einzelnen Kraftfahrer oder Fuhrmann anzulegen ist. Dieses Buch ist so einzurichten, daß es neben dem Original zwei herausnehmbare Durchschläge enthält, von denen der eine dem Fahrer mit den entsprechenden Unterlagen ausgehändigt wird, während der zweite nach der Bezeichnung des benutzten Gefährtes aufbewahrt wird. Das Original gibt die Unterlagen für die Beschäftigung des Fahrers, für die Errechnung der Lohnzuschläge, soweit Überstunden und Zulagen in Frage kommen, und endlich bezeichnet es den gefahrenen Weg, was bei Verstößen gegen die Polizeiverordnung oder sonstigen Reklamationen die Namensfeststellung des betreffenden Fahrers erleichtert. Zuletzt dient es als Kontrolle der Fuhrscheine und der einzuziehenden Beträge, die vom Fahrer zurückgeliefert werden müssen. Der Fahrer selbst ersieht aus dem Durchschlag zunächst seinen Weg, was umständliche mündliche Auseinandersetzungen und damit Zeit spart. Außerdem erhält er auf diese Weise ein Verzeichnis der zu besorgenden Fuhrscheine nebst den einzelnen einzuziehenden Summen. Das dritte Blatt dient rein statistischen Zwecken. Es wird unter der Fahrzeugbezeichnung aufbewahrt, so daß man am Schlusse einer Periode leicht feststellen kann, wie oft der Wagen benutzt worden ist, und welche Leistungen nach Entfernung und Gewicht erzielt worden sind. Während diese letzte Aufgabe für die Kraftwagen gut gelöst wird, ist es für die Gespanne etwas schwieriger, da meistens zwei Tiere vor einem Wagen gehen. Mit wenigen Ausnahmen wird es sich wohl um feste Paare handeln, jedoch trifft dieses nicht immer zu. Man teilt hier infolgedessen am zweckmäßigsten nach der Art der Gespanne wie Schwerfuhrwerk für schwere Pferde und Wagen, Leichtfuhrwerk und Maultiergespannen. Zur Feststellung der Arbeitsleistung eines bestimmten Tieres wird es jedoch einer besonderen Aufstellung aus dem Streckenbuch bedürfen, was aber weder schwierig noch sehr zeitraubend sein dürfte.

Das Schema des Streckenbuches bietet keine Schwierigkeiten. Die Übergabe bei Abfahrt und Rückkehr in die eigene Garage sind wichtig zur Feststellung der Gesamtfahrzeit des Wagens und des Fahrers. Die gefahrenen Kilometer wird man leicht von einer Karte ablesen können, die an und für sich zur Ausrüstung einer Fuhrabteilung gehört. Unter Name erscheint die Firma, unter Ort deren nähere Ortsbezeichnung, wo Güter abzuholen oder abzuliefern sind. Holt z. B. eine Fuhre eine Kiste von Josef Schmidt, Hansaring und bringt sie zum Bahnhof Gereon, so erscheint der Fuhrschein zweimal auf der Liste: 1. unter Josef Schmidt, Hansaring, und 2. unter Güterabfertigung Gereon. Spalte 5 läßt die auf einem Fuhrschein ruhende Nachnahme erkennen und hat den Zweck, die Abrechnung mit dem Fuhrmann im Büro zu erleichtern. Gleichzeitig bildet der Betrag ein Erinnerungszeichen für den Fuhrmann, wenn er an der betreffenden Stelle vorspricht. In Spalte 6 vermerken die festen Kunden entweder die Bezeichnung des ausgelieferten Gutes oder, falls sie keine Sendung abzurollen haben, bescheinigen sie die Anfrage des Fuhrmanns.

Nach Rückkehr der Fuhrleute werden den einzelnen Speditionsabteilungen die Fuhrscheine mit den zugehörenden Papieren zugestellt mit Ausnahme derjenigen, auf die ein Betrag eingekommen ist. Diese werden in ein besonderes Quittungsbuch (Form. 8) eingetragen, in dem die Kasse den Empfang der Scheine und des Geldes bestätigt.

Quittungsbuch über Fuhrscheinnachnahmen.

Monat	Tag	Sped.-Bog. Nr.	Fuhrschein Nr.	Betrag	

Form. 8.

Außer der Abfertigung der Wagen hat die Fuhrabteilung noch eine ganze Reihe von Verwaltungsarbeiten zu leisten, die gleichzeitig als Unterlage für die Unkostenermittelung des gesamten Fuhrparks dienen. Die genaue Erfassung dieser Kosten ist um so wichtiger, da eine Vorkalkulation im Fuhrwesen nur bei Gestellung eines ganzen Gefährtes, Gespannes oder Kraftwagens möglich ist, dagegen bei Beförderung von Stückgut ausgeschlossen ist. Hier kann es sich lediglich darum handeln, auf Grund der Beobachtung eines gewissen Zeitraumes Durchschnittswerte zu errechnen, damit man bei der Veränderung der einzelnen Unkostenfaktoren ein Bild hat, wie sie auf die ganzen Unkosten und damit auf die Rentabilität wirken. Hierdurch wird es dann leichter möglich sein, die Berechnung des Fuhrlohnes den veränderten Unkosten anzupassen.

Zunächst sind die Betriebsmittel zu erfassen. Hierher gehört für die Gespanne Hafer, Heu, Stroh, Streumittel, Wagenschmiere usw., für die Kraftwagen Benzin, Öl, Karbid u. a. m. Die Bestellung dieser Materialien ebenso wie die zur Erhaltung und Reparatur bestimmten Mittel werden in ein Bestellbuch (Form. 9) eingetragen, das später bei Eingang der Sendungen und Rechnungen zur Kontrolle dient. Dieses Bestellbuch teilt man nach den einzelnen Materialien ein, so daß man jeden Augenblick die in einem Rechnungsabschnitt eingekaufte Menge ersehen kann. Ein Verwalter nimmt diese Materialien unter Verschluß und sorgt für eine sachgemäße Lagerung. Die Zugänge hat er auf ihr bestelltes Maß sowie ihre Beschaffenheit zu prüfen und der Fuhrabteilung Bericht zu erstatten. Die Ausgabe erfolgt nur auf Grund von

Das Bestellbuch.

Warenbezeichnung (z. B. Benzin).

Datum der Bestellung	liefernde Firma	Menge	Eingang der Ware	Betrag	Eingang der Rechnung

Form. 9.

Verbrauchszetteln (Form. 10), die die Fuhrabteilung ausstellt. Diese sind derart in Büchern zusammengefaßt, daß 3 Ausfertigungen die gleiche Nummer tragen; davon bleibt eine im Buch, eine erhält der Fahrer, der sich darauf seinen Betriebsstoff geben läßt und durch die der Verwalter über die verausgabten Mittel mit der Fuhrabteilung ab-

Das Verbrauchsbuch.

Es sind auszugeben an:	(Datum)
Fahrer:	Wagen:
l Benzin	kg Hafer
l Öl	kg Stroh
kg Karbid	kg Heu
Unterschr. des Empfängers:	Unterschr. des Ausstellers:

Form. 10.

rechnet. Der dritte Schein wird für statistische Zwecke zu den Streckenzetteln jedes einzelnen Gefährtes resp. der Gespanne gelegt. Da sich der Verbrauch von Betriebsstoff bei Kraftwagen vollkommen nach ihrer geleisteten Fahrtstrecke richtet und der Tank, dessen Fassungsvermögen feststeht, jeden Abend wieder aufzufüllen ist, so läßt sich hier sehr leicht eine Stichprobe auf das Maß der aufgewandten und vom Fahrer wieder angeforderten Menge durchführen.

Die Haltung eines großen Fuhrparks macht es erforderlich, sich eine eigene Schmiede einzurichten, in der die dringendsten Ausbesserungen vorgenommen werden können. Ist eine Arbeit auszuführen, so wird ein Ausbesserungszettel (Form. 11) ausgeschrieben, und zwar wiederum in dreifacher Ausfertigung. Ein Exemplar bleibt im Buch, eins geht zur Schmiede und das dritte ist für die Statistik des Fuhrbetriebes bestimmt. Hierdurch erzielt man eine übersichtliche Zusammenfassung der Arbeitsleistung der Schmiede und der Arbeitsaufwendungen, die ein Wagen zur Ausbesserung benötigt. Außerdem läßt sich

Das Ausbesserungsbuch.

Gefährt:	(Datum)
Art der Ausbesserung:	
Zeit der Ausbesserung vom:	bis:
Aufgewandte Arbeitszeit:	
Zahl der Arbeiter:	Stundenzahl:
Materialverbrauch:	

Form. 11.

in den statistischen Nachweisungen aus den Arbeits- und Reparaturtagen der Wagen die Zeit ihres unbenutzten Stehens ermitteln. Das Ausbesserungsbuch ist natürlich in seiner Aufteilung nicht mit den Auftragszetteln eines Fabrikbetriebes zu vergleichen, die ein genaues Bild aller Aufwendungen wie Maschinenarbeit, Kraftverbrauch usw. erfordern. Hier handelt es sich lediglich darum, bei Abschluß einer Rechnungsperiode die geleistete Arbeit der Schmiede festzustellen und ihre Gesamtunkosten nach einem annähernd stimmenden Verteilungsschlüssel, in diesem Fall die Arbeitsstunden, auf die bearbeiteten Objekte zu verteilen. Diese Statistik wird gleichzeitig ein Bild von der Tauglichkeit der Fahrzeuge und ihrer Behandlung durch die Fahrer geben. In gleicher Weise wird sich die Anlage von Krankheitsbüchern für die Pferde und Maultiere empfehlen, um auch hier ein möglichst genaues Ergebnis der Arbeitsleistung zu erhalten.

Endlich sei noch erwähnt, daß die Fuhrabteilung die Einstellung, Entlöhnung, Beurlaubung und Entlassung des Personals selbst regelt. Auf die Einrichtung von Lohnbüchern und -listen übt der Fuhrbetrieb keinen Sondereinfluß im Gegensatz zu anderen Unternehmungen aus. Den Ausfall eines Fahrers durch Urlaub oder Krankheit wird man am besten in seinem Streckenbuch vermerken, um hier einen lückenlosen Nachweis über seine Arbeit zu bekommen.

Die Gesamtunkosten des Fuhrbetriebes, die am Schlusse eines Rechnungsabschnittes entstanden sind, setzen sich aus 4 Faktoren zusammen, und zwar aus den Kosten, die verursacht werden durch:

1. Das Büro der Fuhrabteilung:

Gehälter des Leiters und der Angestellten, Schreibmaterialien und kleine Unkosten für Porti, Telephon usw.

Abschreibung auf Einrichtungsgegenstände.

Anteile für Licht, Heizung, Wasser und Reinigung.

Auslagen für Haftpflicht- und Unfallversicherung, sowie Schadensersatzleistungen.

Anteile der Räumlichkeiten des Büros am Hauszins. Diese Zahlen hat die Buchhaltung anzugeben.

2. Die Löhne einschließlich der vom Betrieb zu zahlenden Versicherungsbeiträge für den Materialienverwalter, die Kraftfahrer, Schmiede, Kutscher, Arbeiter und sonstige Hilfskräfte. Diese Zahlen ergeben sich aus den Lohnlisten der Fuhrabteilung.

3. Den Fuhrpark:

Abschreibungen auf Tiere und Fahrzeuge.

Verbrauch von Betriebsstoffen und Futter ausschließlich Wasser.

Ersatzbeschaffung bei Ausbesserungen.

Kosten für Tierarzt und Arzneien.

Kosten für große Reparaturen, die nicht im eigenen Betrieb ausgeführt worden sind.

Die erforderlichen Zahlen sind aus den eigenen Aufzeichnungen und denen der Buchhalterei zu ersehen.

4. Die Räumlichkeiten des Fuhrparks:

Wohn- und Aufenthaltsraum für Fahrer usw.

Garage und ihre Einrichtung, sowie Ställe und Schmiede.

Hier kommen jedesmal folgende Posten in Frage: Anteil am Hauszins, Licht, Kraft, Wasser, Reinigung, Heizung, Abschreibungen auf die Einrichtungsgegenstände und Reparaturen.

Die Summe der Ergebnisse von 1—4 vermehrt um den Anteil des Fuhrbetriebes an den allgemeinen Unkosten des Unternehmens bilden die Gesamtunkosten des Fuhrbetriebes, die, von der Summe der für die Leistungen berechneten Fuhrlöhne abgezogen, den Reingewinn herstellen. Die Aufstellung wird sich leicht monatlich als eine rohe Gewinnermittlung aus den eigenen Aufzeichnungen durchführen lassen, wenn man sich damit begnügt, die sich im allgemeinen wenig verändernden Anteile am Hauszins, Kraft, Licht usw. aus der letzten Jahresrechnung als Durchschnittswerte anzuerkennen.

Neben der Ermittlung der Unkosten und des Gewinns des Fuhrbetriebs ist es noch von großem Interesse, weitere Feststellungen hinsichtlich der Arbeitsleistungen von Gespannen und Wagen sowie ihrer Unterhaltungskosten zu machen. Die Untersuchungsobjekte sind die einzelnen Kraftwagen, ihre Anhänger, die Rollwagen und Gespanne getrennt nach Schwerfuhrwerk und leichter Fuhre. Die Leistungsgröße ist hier das Kilometer. Eine Einbeziehung des beförderten Gewichtes, wie es Paul Fleischfresser, Charlottenburg in seinem Aufsatz: Die statistischen Nachweisungen für Verkehrsunternehmungen (erschienen in der von Prof. Dr. Schmalenbach herausgegebenen Zeitschrift für handelswissenschaftliche Forschung, 14. Jahrgang, Heft 5/6) durchführt, stößt beim Speditionsbetrieb auf große Schwierigkeiten, da während der Fahrt bei Stückgütern auf- und abgeladen wird und daher das beförderte Gewicht einem dauernden Wechsel unterworfen ist. Die Möglichkeit der Durchführung ist allerdings durch das Streckenbuch gegeben, würde aber eine ungeheure Rechenarbeit erfordern, die das Ergebnis kaum lohnt. Man kann aber zu einem Notbehelf schreiten, wenn man von der Überlegung ausgeht, daß sich die Erleichterung des Fahrzeuges von leichten und schweren Gütern im Laufe der Zeit ausgleichen wird, d. h. heute wird ein Fahrzeug, das im Streckenbuch eine Gesamtbeförderung von Stückgütern im Gewicht von 2500 Kilo aufweist, zunächst ein schweres Stück absetzen und später leichte, morgen wird vielleicht das Entgegengesetzte der Fall sein. Außerdem kann die Möglichkeit eintreten, daß ein Fahrzeug von 4 t Ladefähigkeit zunächst 3 t irgendwo abliefert und dann an einer anderen Stelle mit 2 t wieder beladen wird, so daß sogar eine Tonne mehr als Ladefähigkeit ausgewiesen würde. Dieser Fehler wird sich dadurch ausgleichen, daß alle Gefährte auf diese Weise die beförderten Tonnen errechnen würden. Wenn man sich also nur Vergleichszahlen schaffen will, wird man ohne große Bedenken auch hier die Tonnenkilometer konstruieren können, die man dann zu den für ein Gespann oder Wagen erforderlichen Aufwendungen in Beziehung setzen kann. Große Bedeutung wird jedoch diese Rechnung für den Spediteur nicht haben. Für ihn wird es genügen, zu wissen, wie lang die Durchschnittsgebrauchsfähigkeit von Pferden, Roll- und Kraftwagen ist, an denen er seine eigenen Verkehrsmittel messen kann, und wie hoch sich ihre Unterhaltungs- und Betriebskosten stellen.

Aus der Arbeitsleistung des einzelnen Gefährtes, die man nach dem Gewicht, dem Weg oder dem Produkt aus beiden berechnen kann, wird sich ein gutes Bild von der Verteilung der Gesamtarbeitsleistung auf die einzelnen Verkehrsmittel gewinnen und daher beim Vergleich mehrerer Perioden eine Verschiebung der Leistungen der einzelnen Fahrzeuge erkennen lassen, was bei Neuanschaffungen nicht ohne Bedeutung sein dürfte.

Zum Schluß ist hier noch der bahnamtliche Rollfuhrunternehmer oder, wie er im Wirtschaftsleben kurz genannt wird, der Bahnspediteur zu nennen. Dieser ist meistens ein selbständiger Rollfuhrunternehmer oder ein Spediteur mit einem eigenen Fuhrpark. Er rechnet zu den Leuten der Eisenbahn (E.V.O. § 9), für die die Eisenbahn haftet. Er wird nach freiem Ermessen der Eisenbahn ausgewählt und bei Einwilligung der Geschäftsübernahme durch einen Vertrag verpflichtet. Die Bahn, die dem Eigentümer von Sendungen auch für den Schaden haftet, der durch den bahnamtlichen Rollfuhrunternehmer entsteht, deckt sich dadurch, daß sie von diesem eine Hinterlegung von Sicherheiten verlangt. Der bahnamtliche Rollfuhrunternehmer hat seine Eigenschaft als solcher nach außen hin kenntlich zu machen.

Seine Aufgabe besteht darin, die nicht an einen Spediteur oder Selbstabholer gerichteten Sendungen im Auftrage der Bahn abzufahren und Nachnahmen einzuziehen. Desgleichen hat er für die Anfuhr zur Bahn zu sorgen. Seine Rechte und Pflichten einschließlich der von ihm zu berechnenden Spesensätze für seine Leistungen sind in den „Allgemeine Bedingungen für das bahnamtliche An- und Abrollen der Stückgüter durch Rollfuhrunternehmer“ festgelegt.

Auf die Betriebstechnik der Geschäftsabwicklung einzugehen, erübrigt sich, da sie von der Bahn durch Vorschrift von Büchern usw. festgelegt ist und daher keinen Spielraum für private Organisation läßt.

2. Die Bahnspeditionsabteilungen.

Der gesamte Bahnverkehr eines Speditionsunternehmens zerfällt in drei verschiedene Arten, die eine voneinander abweichende Organisation erfordern. Dieses sind der Stückgüterverkehr, die Sammel- und die Wagenladung. Die für den Güterverkehr zu beachtenden Vorschriften sind festgelegt in der Eisenbahnverkehrsordnung vom 1. April 1909, aus der sich die nötigen Versandpapiere, die Bedingungen über die Beschaffenheit und Auflieferung des Gutes sowie die Verrechnung mit der Bahn ergeben. Die Frachtsätze selbst sind aus den Gütertarifen der Reichseisenbahnen zu ersehen. Für den Verkehr mit dem Ausland sind dann ferner noch die Zollvorschriften zu beachten, die in den Erlassen des Reichsfinanzministers niedergelegt sind.

a) Die Stückgutabteilung.

Die Aufgabe der Stückgutabteilung besteht darin, einzelne Güter, die als selbständige Ladungsstücke vom Betrieb bei der Bahn aufgeliefert werden und keinen ganzen Waggon beanspruchen, für einen Auftraggeber nach auswärts zu versenden und einkommende den Empfängern zuzustellen. Nicht in Frage kommen hierbei solche Sendungen, deren Haupttransportmittel das Schiff ist, die zum Einlagern bestimmt sind oder vom Lager abgerufen werden. Diese werden von der betreffenden Abteilung selbst erledigt. Die Abteilung befördert die Güter als Fracht-, Eil-, Expreßgut und Postpaket. Bei den beiden letzten kann die Behandlung auch darin bestehen, viele kleine Pakete zu einem Expreßkollo zusammenzupacken, um den Transport nach Möglichkeit zu verbilligen. Der Empfänger, der in diesem Falle ein Spediteur sein wird, hat dann die Aufgabe, die einzelnen Pakete ihren endgültigen Abnehmern zuzustellen. Dieser Expreßgutverkehr hat jedoch keine große Bedeutung, da er sehr kostspielig ist.

Die Veranlassung, durch einen Spediteur ein Frachtstück abfertigen zu lassen, kann sehr verschiedenartig sein. Im allgemeinen wird es sich darum handeln, die Ungelegenheiten, die ein Versand durch Ausstellen des Frachtbriefes, Transport zur Bahn usw. bereitet, von sich abzuwälzen. Für den Kaufmann kommen noch andere Beweggründe hinzu, so z. B. die Verteilung verschiedener Kolli, die zu einer Sendung zusammengefaßt waren, auf mehrere Empfänger des Bestimmungsortes, ferner die Entfernung der Ursprungszeichen einer Ware, die zum Zweck der Frachtersparung unmittelbar von der Fabrik unter Umgehung des Vermittlers dem Empfänger zugestellt wird. Außer diesen Gründen können für einen Kunden noch andere Spezialwünsche in Betracht kommen, die ihn zu einer Beauftragung des Spediteurs veranlassen. In allen diesen Fällen ist der Spediteur der Helfer. Er holt das Gut vom Haus des Versenders ab, fertigt die Versandpapiere aus, rollt es der Bahn zu und bringt es hier zum Versand. Gleichzeitig benachrichtigt er am Empfangsort einen Korrespondenten, der das Gut dort wieder von der Bahn dem Empfänger zufährt.

Auf den im Büro einlaufenden schriftlichen oder mündlichen Auftrag, eine Sendung als Stückgut zu befördern, stellt die Abteilung, nachdem ein Speditionsbogen ausgeschrieben ist, zunächst einen Fuhrschein aus, auf Grund dessen die Sendung beim Versender abgeholt und zum Versandlager gebracht wird. Um den Fuhrmann als berechtigten Empfänger vor dem Kunden auszuweisen, erhält er einen von der Speditionsfirma ausgestellten und unterschriebenen Abholschein (Form. 12), auf dem der Auflieferer sowie das Gut selbst genau bezeichnet sind. Außerdem wird es sich empfehlen, die Übernahmebedingungen des Spediteurs auf ihm zu vermerken, da der Abholschein in den meisten Fällen die schriftliche Annahmebestätigung des Speditionsvertrages vom Spediteur bildet. Die Sendung gelangt nunmehr auf das Versandlager der Firma, wo der Lagermeister das Gewicht des Gutes und die Beschaffenheit der Verpackung prüft und zusammen mit dem Lagerort auf dem Fuhrschein vermerkt, der dann wieder durch den Fuhrbetrieb zur Stückgutabteilung zurückläuft. Hier werden die Angaben des Versenders mit dem Befund des Gutes auf Grund des Fuhrscheines verglichen, um Unstimmigkeiten bezüglich des Gewichtes oder der Verpackung sofort aufklären zu können.

Die weitere Arbeit der Abteilung besteht nunmehr darin, die Versandpapiere auszufertigen. Für den Verkehr innerhalb Deutschlands

Abholschein.

(Speditions-Firma) Speditionsbogen Nr. (Datum)

Herrn

....

....

.... Straße .....

Wir danken Ihnen für Ihren gefl. $\frac{\text{mündl.}}{\text{schriftl.}}$ Auftrag vom .... und bitten Sie, nachstehend verzeichnete Güter unserm Fuhrmann gegen Aushändigung dieses Scheines zur Beförderung zu übergeben.

Hochachtungsvoll

....

Zeichen	Nr.	Zahl	Art	Inhalt

Form. 12.

kommen nur die verschiedenen Frachtbriefe für Eil-, Fracht- und Expreßgut oder Postpaketadressen in Frage. Sämtliche ausgehenden Frachtbriefe werden in doppelter Ausfertigung hergestellt, um eine Quittung über die erfolgte Auflieferung bei der Bahn zu haben. Abgesehen von Wert- und Einschreibpaketen, bei denen die Post ohne weiteres eine Aufgabebestätigung verabfolgt, kann man auch für gewöhnliche Pakete gegen Zahlung von M. 0.50 eine Auflieferungsbescheinigung erhalten. Bei der Ausfertigung der Versandpapiere sind die vom Versender vorgeschriebenen Einzelheiten, insbesondere die, welche die Frankierung betreffen, zu berücksichtigen.

Folgende Arten der Frankierung sind möglich:

1. Frei oder franco.

a) Der Versender zahlt alle bis zur Ablieferung an den Empfänger entstehenden Kosten. Da in diesem Fall der Absenderspediteur dem Versender einen Kredit gewährt in Höhe der gesamten Beförderungs-

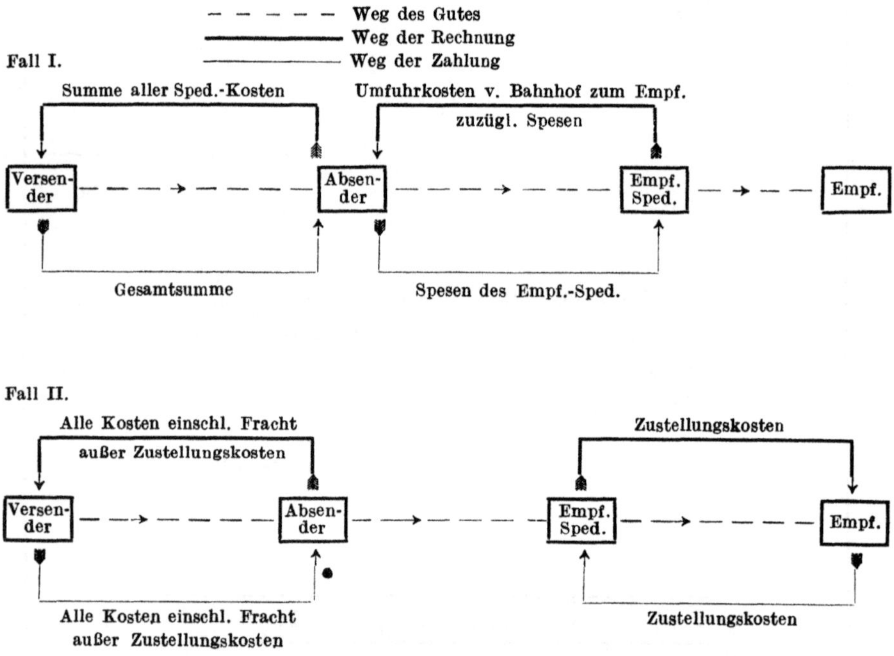

kosten einschließlich aller Nebenspesen, so wird er sich über die nachträgliche Einzugsmöglichkeit dieser Kosten beim Versender klar werden müssen, da er nach Ablieferung des Gutes keine Sicherheit für die Deckung seiner Kosten mehr in Händen hat. Der Spediteur kann die Sendung frankiert oder unfrankiert an den Empfangsspediteur zur Auflieferung bringen, der seinerseits durch eine Nota die von ihm gemachten Auslagen zuzüglich seines Verdienstes dem Absender in Rechnung stellt. Der Absender zieht die Kosten nunmehr vom Versender ein und überweist nach Abzug seiner Auslagen den Rest dem Empfangsspediteur zum Ausgleich dessen Forderung.

b) Das Verfahren, wie ich es eben geschildert habe, ist umständlich und kostspielig wegen der entstehenden Schreibarbeit und der Portiauslagen, zumal da es sich nur um verhältnismäßig geringe Beträge handeln wird. Infolgedessen geht man dazu über, die Sendung nur frei Empfangsstation zu liefern. Der Absender bezahlt daher die Fracht und stellt Umfuhr, Fracht und sonstige Spesen dem Versender in Rechnung, während der Empfangsspediteur seine Kosten, bestehend aus Fuhrlohn am Bestimmungsort und kleinen Spesen, vom Empfänger bei Ablieferung des Gutes einzieht. Diese Durchführung wird zwar der „frei Haus-Lieferung" nicht ganz gerecht, aber da die Umfuhr durch den Empfangsspediteur nur einen geringen Teil der gesamten Beförderungskosten ausmacht, läßt es sich infolge Vermeidung der Umständlichkeiten durchaus rechtfertigen. Dieses letzte Verfahren wird sich bei Gelegenheitskunden, die franko senden wollen, lohnen, während das erste nur Nutzen verspricht, wenn sowohl der Empfangsspediteur wie auch der Versender im Abrechnungsverhältnis mit dem Absender stehen. Wie der Gang der Abrechnung sich abwickelt, mögen die beiden folgenden Skizzen zeigen.

Diese Möglichkeiten können noch dadurch variiert werden, daß der Versender auf das Gut einen Nachnahmebetrag legt, der bis zur Höhe des Warenwertes zulässig ist. Hier kommt als leitender Gesichtspunkt die Größe des Nachnahmebetrages in Frage. Kleine Beträge zieht man zur Ersparung der Portokosten als Nachnahme beim Empfangsspediteur durch die Bahn ein, die für das Inkasso 2% berechnet. Große Beträge läßt man vom brieflich benachrichtigten Empfangsspediteur unter Umgehung der Bahn erheben, so daß Absender und Empfangsspediteur je 1% der Inkassoprovision als Entgelt für sich berechnen können. Der Gang der endgültigen Verrechnung ergibt sich ohne weiteres und sei durch die folgenden Zeichnungen bildlich dargestellt.

——— Weg des Gutes
——— Weg der Nachnahme } franko gegen Nachnahme

Fall III.

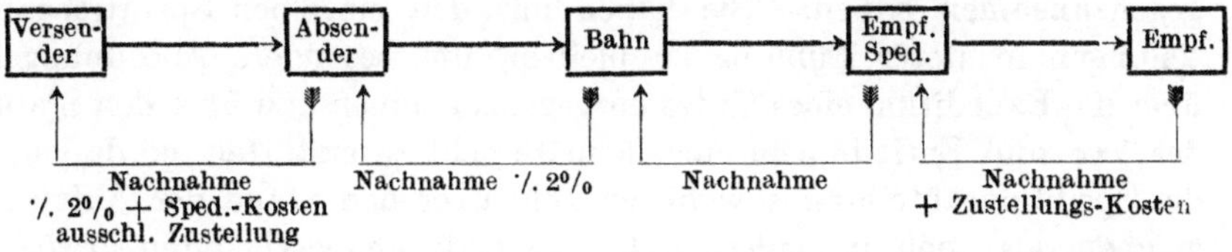

Fall IV.

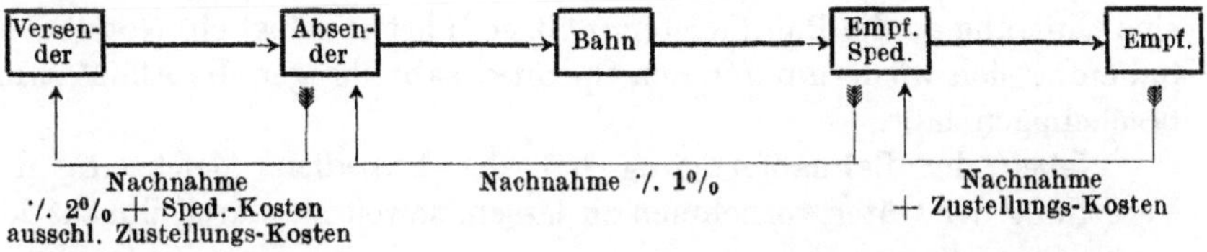

2. Der Versender gibt die Sendung unfrankiert auf, d. h. der Empfänger hat sämtliche Transportkosten zu zahlen. Der Absender bringt das Gut unfrankiert auf den Weg und belegt es in Höhe seiner Kosten mit einer Nachnahme. Der Empfangsspediteur zieht diese sowie Fracht und seine Kosten vom Empfänger bei Abgabe des Gutes ein. Da es sich hier im allgemeinen nur um kleine Beträge handelt, verrechnet man durch den Frachtbrief. Liegt eine Nachnahme des Versenders auf dem Gut, dann kann wiederum Erhebung durch Frachtbrief oder Post beim Empfangsspediteur in Frage kommen.

Erwähnt sei hier noch eine Möglichkeit, daß der Versender frei Waggon (fob) liefert, was allerdings weniger bei Stückgütern als bei Waggonladungen in Frage kommt. In diesem Fall hat der Versendeı die Kosten bis einschließlich Verladung zu tragen, während alles übrige zu Lasten des Empfängers geht. Die weitere Verrechnung ergibt sich aus dem Vorstehenden.

Sind die Frachtbriefe fertiggestellt, dann ist wiederum ein Fuhrschein für den Transport des Gutes zur Bahn auszuschreiben, auf Grund dessen der Lagermeister das Gut dem abholenden Fuhrmann gegen dessen Quittungsleistung in einem besonderen Lagerbuch des Lagermeisters übergibt. Die Ablieferung der Sendung bei der Bahn ist auf dem Fuhrschein nachzuweisen, der nach erledigter Umfuhr zur Speditionsabteilung zurückgelangt, um hier mit dem Speditionsbogen vereinigt zu werden.

Einen vom Gut gesonderten Weg nehmen die Frachtbriefe. Sie werden zunächst zur Eintragung in ein Ausgangsbuch der Eisenbahnabteilung übergeben, die sie dann mit entsprechenden Vermerken wieder zurückreicht. Hierauf übernimmt sie der Expedient des in Frage kommenden Güterbahnhofs und liefert die Güter daraufhin auf.

Die Expedienten sind von der Firma bevollmächtigte Angestellte, welche die Abfertigung des Gutes bei der Bahn zu besorgen und die für den Spediteur einlaufenden Frachtbriefe gegen Quittungsleistung entgegenzunehmen haben. Sie haben mit den einzelnen Speditionsabteilungen in steter Fühlung zu bleiben, um besondere Anordnungen über die Expedition eines Gutes entgegenzunehmen und über den Stand der Ver- und Entladungen eingehend Bericht zu erstatten, so daß sich die Speditionsabteilung sowohl ein Bild über den Stand der Aufträge machen, als auch besondere sich ergebende Schwierigkeiten berücksichtigen kann. Da der Expedient über die einlaufenden Frachtbriefe eine Quittung an die Bahn leisten muß, so führt er selbst ein Notizbuch, in dem er sich wiederum von den Speditionsabteilungen die Ablieferung bescheinigen läßt.

Neben der Bahnabfertigung hat der Expedient gleichzeitig die Verzollung der Güter vornehmen zu lassen, soweit sie durch ihn auf der

Bahn abgefertigt werden. Die hierzu erforderlichen Unterlagen erhält er von der betreffenden Speditionsabteilung.

Die Güterbewegung zwischen Eisenbahnwagen und Fuhre übernimmt ein vom Spediteur angestellter Lademeister, der gleichzeitig das Bahnlager der Firma verwaltet. Er empfängt gegen Quittung auf dem Fuhrschein die zu verladenden Güter und folgt andererseits die mit der Bahn ankommenden Sendungen ebenfalls nur gegen Quittung in seinem Lagerbuch aus.

Der Lademeister nimmt im Speditionsbetrieb einen besonderen Vertrauensposten ein, da von seiner Umsicht und Erfahrung viel abhängt. Einerseits muß er dafür sorgen, daß bei der Verladung der Güter nach Möglichkeit eine Beschädigung durch Bruch, Feuchtigkeit usw. ausgeschaltet wird. Andererseits hat er den ihm zur Verfügung stehenden Wagenraum nach Kräften auszunutzen, was vor allem bei der Abfertigung von Sammelwagen in Frage kommt. Zur Durchführung der Arbeiten sind ihm besondere Hilfskräfte unterstellt.

Ist das Gut verladen, so werden von der Bahn die Frachtbriefe abgestempelt und das Duplikat dem Expedienten ausgehändigt. Dieser übergibt es nunmehr wieder der Speditionsabteilung, wo es dem Speditionsbogen beigelegt wird, der seinerseits nunmehr an die verrechnenden und kontrollierenden Abteilungen weitergeleitet wird. Die einzige Arbeit, die unter Umständen noch zu leisten wäre, ist die Benachrichtigung des Empfängers, womit der Auftrag für die Stückgutabteilung seinen Abschluß gefunden hat.

Der Verkehr nach dem Ausland wickelt sich ganz ähnlich ab. Hier treten an Stelle der deutschen Frachtbriefe die internationalen. Ferner ist zu berücksichtigen, daß Italien, Deutsch-Österreich, Polen und Skandinavien keine Nachnahmen zulassen, so daß man hier auf die Vermittlung von Spediteuren angewiesen ist. Infolge der großen Differenzen in den Valuten hat sich der Gebrauch eingebürgert, die Sendung nur bis zur Grenze zu frankieren, während sie von da unfrankiert zu Lasten des Empfängers weiterläuft. Hat aber der deutsche Versender die ganze Fracht zu tragen, dann ist zunächst die günstigste Aufteilung der Fahrtstrecke zwischen In- und Ausland festzustellen. Da sich die deutsche Fracht wesentlich billiger stellt als die ausländische, wird man als Grenzübergangsstelle die Station wählen, die dem ausländischen Bestimmungsort am nächsten liegt, ohne Rücksicht auf die Länge der deutschen Strecke und einen unter Umständen hierdurch verursachten Umweg. Ist der ausländische Frachtsatz nicht mit Sicherheit zu ermitteln, was durch die Kriegsstörungen sowie durch die Veränderungen der ausländischen Tarife sehr oft vorkommt, dann bedient man sich der Frankaturnota. Das Verfahren besteht darin, daß man zunächst bei der Eisenbahn den ungefähren Gesamtbetrag der Fracht hinterlegen muß. Die Sendung wird dann unfrankiert aufgeliefert, wobei die Eisenbahn den Frachtbrief durch eine Frankaturnota begleiten läßt, in welche die deutsche Eisenbahnverwaltung an der Grenze und die ausländische am Empfangsort die fälligen Teilfrachten einsetzt. Hierauf gelangt sie zur Aufgabestation zurück und wird mit dem Absender unter Berücksichtigung des eingezahlten Betrages verrechnet.

Außerdem sind für die Sendungen die von jedem einzelnen Lande vorgeschriebenen Zollpapiere, Ursprungszeugnisse, statistischen Scheine usw. auszufertigen.

Um eine sachgemäße Durchführung an den Grenzübergängen zu gewährleisten vor allem dort, wo Umladungen stattfinden müssen, oder die Organisationen der ausländischen Bahn- und Zollverwaltungen schwerfällig und nicht zuverlässig arbeiten, bedient man sich eines Grenzspediteurs, der die Überführung über die Grenze und den Weiterversand des Gutes vornimmt. Da hier wieder eine Mittelsperson in Anspruch genommen werden muß, tritt naturgemäß eine Erhöhung der Gesamtspeditionskosten ein. Die entstehenden Schwierigkeiten im Verkehr mit dem Ausland werden jedoch gemildert und leichter überwunden werden, wenn die Häufigkeit der Transportfälle die Zusammenfassung der einzelnen Verkehre in besondere internationale Abteilungen möglich macht.

Der Eingang einer Frachtsendung mit der Bahn wird meistens durch die Benachrichtigung des Ab- und Versenders eingeleitet, die gleichzeitig die Vorschrift für die Weiterbehandlung enthält. Der Auftrag gelangt mit dem von der Zentrale ausgeschriebenen Speditionsbogen zur Speditionsabteilung und wird hier nach dem Ab- oder Versender in eine Sammelmappe alphabetisch eingeordnet. Trifft die Sendung auf dem Güterbahnhof ein, so empfängt der Expedient den Frachtbrief, nachdem eine darauf ruhende Fracht oder Nachnahme durch die Güterkasse der Firma belastet ist, veranlaßt sodann die Herausgabe des Gutes an den Lagermeister und gibt den Frachtbrief bei der Abteilung ab. Diese schreibt einen Fuhrschein aus und läßt das Gut zum Versandlager bringen. Erfolgt ein Weiterversand mit der Bahn, so wickelt sich der Geschäftsvorgang genau so ab, wie ein gewöhnlicher Ausgang. Wird die Sendung jedoch durch die eigene Fuhre abgeliefert, dann ist zunächst wieder ein Fuhrschein erforderlich. Daneben sind dem Lager gegebenenfalls die Vorschriften zu übermitteln, die der Versender oder Empfänger für die Behandlung des Gutes bestimmt hat. Außerdem empfiehlt es sich, für den Empfänger einen Schein auszustellen, aus dem er alle Einzelheiten des Gutes und seiner Versendung ersehen kann. Hierdurch wird erreicht, daß der Originalfrachtbrief dem Spediteur als Unterlage für irgendwelche Reklamationen verbleibt. Dieses Formular wird in der Praxis vielfach mit dem Namen „Stadtfrachtbrief“

(Form. 13) belegt. Die Verrechnung von Fracht, Nachnahme und eigenen Spesen erfolgt hier durch den Fuhrschein und den Stadtfrachtbrief, der dem Empfänger die einzelnen Posten des Gesamtbetrages ausweist, also

Speditionsbogen Nr. Datum

Speditionsfirma

Herrn ....

....

....

Von Firma ....

empfangen Sie nachstehend verzeichnete Güter ....

....

Zeichen	Nummer	Zahl	Art	Inhalt	Gewicht

Nachnahme des Versenders		
Nachnahmeprovision		
Fracht		
Versicherung		
Rollgeld		

Form. 13.

eine Abschrift der auf der Innenseite des Speditionsbogens aufgemachten Rechnung bildet. Die Kosten des Ab- oder Versenders sind entweder schon durch eine Eisenbahnnachnahme beim Empfang des Gutes gedeckt worden oder werden durch die Buchhaltung verrechnet und überwiesen.

Benachrichtigung.

Speditions-
bogen Nr.

Datum

Speditionsfirma

Herrn

....

in ....

....

Wir teilen Ihnen ergebenst mit, daß wir für Sie die unten aufgeführte Sendung von Herrn ...., ..., empfangen haben und sie gegen Einreichung der vollzogenen Quittung sowie Zahlung des Betrages von M. .... zu Ihrer gefl. Verfügung halten.

Hochachtungsvoll

....Lochnaht..

Sped. Nr.

Quittung.

Nachstehend bezeichnete Güter gegen Zahlung von M. .... empfangen zu haben bescheinigt

(Empfänger)

Zeich. u. Nr.	Zahl	Art	Inhalt	Gewicht	Bemerkungen

Form. 14.

Sind die Empfänger Kunden, die ihre Güter selbst abfahren, dann erhalten sie eine Benachrichtigung (Form. 14) über das Eintreffen der Sendung und der darauf ruhenden Kosten nebst einem vorgedruckten Quittungsformular. Diesen Papieren wird außerdem ein Stadtfrachtbrief beigelegt, der den Kunden alle Einzelheiten in bezug auf das Gut und die Rechnungsaufstellung mitteilt. Gegen Zahlung des Betrages an der Kasse und Abgabe des Quittungsformulars stellt diese einen Auslieferschein (Form. 15) aus, auf Grund dessen der Lademeister an der Bahn oder der des Hauptlagers das Gut ausgibt. Die Scheine kommen durch die Expedienten zurück und werden der Kontrollabteilung zugeführt.

Auslieferschein.

gedruckte Nr.

Speditions-bogen Nr.

Sendungs-Empfänger:

Lochnaht

Stempel der ausfertigenden Speditions-Abteilung

Datum:

gedruckte Nr. Speditions-bogen Nr. Datum

Nachstehend verzeichnete Güter sind gegen Übergabe dieses Scheines auszuliefern.

Zeich. u. Nr.	Zahl	Art	Inhalt	Gewicht	Bemerkungen

Ausgeliefert am:

Unterschrift des Lagermeisters

Abteilungsstempel und Unterschrift

Form. 15.

Für Sendungen aus dem Ausland sind von der Speditionsabteilung zunächst die nötigen Einfuhrpapiere auszufertigen. Der Expedient veranlaßt dann die Vornahme der Verzollung und gibt darauf sämtliche Papiere der Speditionsabteilung zur weiteren Bearbeitung zurück. Ruhen auf den Sendungen Beträge in fremden Valuten, so wird heute der Spediteur das Kursrisiko abwälzen, indem er die fremden Valuten weiterberechnet.

Wird die Annahme einer Sendung verweigert, so wird sie der Lagerabteilung zur Einlagerung übergeben, die dann alles weitere veranlaßt.

Die Begleichung der Kosten durch den Empfänger kann vorgenommen werden erstens in bar, und zwar entweder in Form der Nachnahme, die auf Grund der Fuhrscheine bei der Zustellung erhoben wird, oder als Kassenzahlung gegen Aushändigung des Auslieferungsscheines, zweitens durch Belastung des Kunden durch die Buchführung. Die Speditionsbogen werden, nachdem alle erforderlichen Angaben eingesetzt sind, den Verwaltungsabteilungen übergeben.

Der Verdienst des Spediteurs am Stückgutverkehr ist, an den anderen Abteilungen gemessen, gering. Jede Sendung erfordert durch ihre Einzelbehandlung verhältnismäßig viel Arbeit. Die Entschädigung für seine Leistung erhält der Betrieb aus der Speditionsprovision, daneben können noch kleine Beträge aus Nachnahmeprovision, Versicherung und Zoll entstehen. Häufig jedoch begnügt sich das Unternehmen auch nur mit dem geringen Nutzen am Rollgeld.

b) Die Abteilung für Sammelladungen.

Der Sammelladungsverkehr des Spediteurs besteht darin, die für einen größeren Platz oder dessen Nähe von verschiedenen Versendern für verschiedene Empfänger bestimmten Stückgüter zu sammeln und sie, zu einer Wagenladung zusammengefaßt, an einen Spediteur der Bestimmungsstation abzufertigen, der dann wiederum die Weiterversendung der einzelnen Kolli an die Empfänger vornimmt. Der Sammelladungsverkehr erstreckt sich also erstens auf die Zusammenstellung von Wagenladungen für den Ausgang und zweitens auf die Verteilung der einlaufenden Sammelwagen, die jedoch nicht nur von Spediteuren, sondern auch von Handels- und Industriefirmen abgesandt werden.

Die Grundbedingung für diesen Verkehr ist das Bestehen einer Differenz aus der Summe, die sich aus den Frachten der in einem Waggon als Stückgut verladenen Sendungen mit dem Betrag ergibt, der bei Gestellung eines ganzen Wagens zu zahlen ist (Waggonfracht), wobei die Wagenfracht unter der Summe der Stückgutfrachten bleibt. Diese Differenz ist verschiedentlich der Gegenstand heftigster Kämpfe gewesen, weil man glaubte, daß die Bahn an Verlader von Sammelladungen Geschenke mache. Nachdem die Bahn dann tatsächlich durch eine starke Staffelung des Stückgütertarifes auf Entfernungen unter 200 km so niedrige Sätze geschaffen hatte, die zum Teil unter ihren Selbstkosten lagen, war die Abfertigung von Sammelladungen auf diesen Strecken nicht mehr möglich. Heute hat man einen Staffeltarif für Stückgüter und Wagenladungen eingeführt, so daß das Sammelgeschäft wieder in vollem Umfang aufgelebt ist. Die Staffelung der Tarife besteht darin, daß der Frachtsatz sowohl für Stückgüter als auch für Wagenladung nicht proportional mit der Entfernung, sondern in ständig abnehmendem Maße wächst. Daß die Bahn bei der Ermöglichung dieses Verkehrszweiges nichts verschenkt, sondern im Gegenteil daraus

Nutzen zieht, dafür spricht ein wesentliches Moment, und zwar das wirtschaftliche Interesse des Speditionsbetriebes an der Ausnutzung des Sammelwagens. Der von dem Unternehmen angestellte private Lademeister wird schon im eigenen Interesse seine ganze Geschicklichkeit aufwenden, um möglichst viel in den Wagen zu packen und die Ladung sachgemäß zu verstauen. Der wirtschaftliche Anreiz fehlt dagegen beim Bahnbeamten, und so wird es, selbst wenn der Durchschnittsbeamte dem privaten Lademeister an Geschicklichkeit und Dispositionsfähigkeit gewachsen ist, trotzdem meistens dazu kommen, daß der private den Wagen besser ausnutzt. Der hieraus entspringende Vorteil kommt jedoch nicht nur dem Spediteur zugute, sondern auch der Bahn, die neben intensivster Wagenausnutzung noch den Gewinn hat, daß ihr die Arbeit der Abfertigung vieler Teilsendungen abgenommen wird. Hierdurch spart sie nicht nur Personal, sondern auch ihr Innenbetrieb wird durch die Verrechnung eines Wagens an Stelle vieler Teilgüter entlastet.

Dadurch daß der Spediteur eine Wagenfracht bezahlt, die unter der Summe der Stückgutfrachten für die einzelne Sendung liegt, welche Sätze er als Höchstmaß weiter berechnen darf, erwächst ihm ein Gewinn aus seiner Tätigkeit. Je größer diese Spannung ist, um so mehr wird er bereit sein, auch seinen Kunden daran teilnehmen zu lassen und ihm dadurch einen billigeren Stückgutsatz zu berechnen, als es die Bahn kann. Auf diese Weise entsteht auch für jenen ein Anreiz, sich des Spediteurs zu bedienen. Ein weiterer Vorteil kann für den Kunden noch in der schnelleren Beförderung des Gutes im Sammelwagen des Spediteurs bestehen, namentlich dann, wenn es sich um kleine Bestimmungsorte handelt, nach denen die Bahn keine direkten Wagen (Ortswagen) unterhält. Schließt der Spediteur mit dem Kunden einen Übernahmesatz ab, zu dem er die ganze Beförderung von Haus zu Haus oder nur bis Empfangsstation ausführen will, dann kann unter Umständen insofern für ihn ein Risiko entstehen, als er eine Wagenladung nicht zusammenbekommt, und er die Differenz zwischen der im Übernahmesatz kalkulierten Sammelfracht und der ihm von der Bahn berechneten Stückgutfracht aus eigener Tasche zuzahlen muß, da die Bahn nur bei einer festgesetzten Mindestausnutzung den Wagenladungssatz berechnet. Der Verdienst aus dem Sammelverkehr kommt selbstverständlich dem Spediteur zu, der die Ladung zusammenstellt und abfertigt. Der Empfangsspediteur hat lediglich an der Umladung, Zustellung und Weitertransport einen Gewinnanteil. Um den Sammelladeverkehr in noch stärkerem Maße zu fördern, haben sich in verschiedenen größeren Städten, unter anderem auch in Köln, einzelne Speditionsfirmen zur Bildung einer Gesellschaft zusammengefunden, die gleichsam ein Hauptsammelbecken für die den Spediteuren zuströmenden Güter, zum mindesten für solche bildet, die der Spediteur in seinem eigenen Sammeldienst nicht verladen kann.

Der Sammelverkehr umfaßt, wie ich oben bereits erwähnte, nicht nur Güter, die für große Plätze bestimmt sind, nach denen mit einer ziemlichen Regelmäßigkeit sich in wenigen Tagen eine Ladung zusammenstellen läßt, sondern auch solche Güter, die diesen Platz nur als Umladestelle benutzen, sei es um als Sammel- oder als Stückgut weiterzugehen. Es entsteht hier dann die Frage, welche Nebenplätze dem Verkehr nach einem Sammelort einbezogen werden können. Ein Beispiel möge dieses veranschaulichen:

In Köln wird ein Stückgut nach Liegnitz aufgeliefert. Der Kölner Spediteur unterhält jedoch nur einen Sammelverkehr nach Leipzig, wo das Gut umgeladen werden muß. Der Leipziger Korrespondent richtet wiederum Sammelwagen nach Breslau ab. Es würde hier für den Leipziger zu entscheiden sein, ob er das Gut in einen Sammelwagen bis Breslau verlädt, hier umladen läßt und nach Liegnitz zurück als Stückgut befördert, oder ob er die Ware unmittelbar als Stückgut von Leipzig nach Liegnitz abfertigt. Bei dieser Kalkulation kann man natürlich nicht mit dem Pfennig rechnen. Die Stückgutfracht von Leipzig nach Liegnitz muß so groß sein, daß sie die Sammelfracht nach Breslau, das Umladen und die Stückgutfracht nach Liegnitz noch übertrifft, um den letzten Weg als den besten erscheinen zu lassen. Ferner kommt hinzu, daß der Transport über Breslau durch das abermalige Umladen bedeutend mehr Zeit erfordert, und das Risiko, daß das Gut bei dem vielen Umladen beschädigt wird, wächst. Schnelle und sichere Bedienung des Kunden sind aber von so großer Wichtigkeit im Speditionsverkehr, daß man sie nicht um eines kleinen Betrages willen unberücksichtigt lassen kann.

Wie bereits geschildert, setzt sich die ausgehende Ladung eines Sammelwagens zusammen aus erstens solchen Gütern, die ausdrücklich vom Kunden gegen Gewährung eines Frachtnachlasses als Sammelgut bestimmt sind und zweitens aus gewöhnlichen Stückgütern, deren Ziel mit einem Sammelladungsplatz zusammenfällt oder sich in dessen Nähe befindet, und endlich drittens aus Gütern, die von anderen Spediteuren zur Beiladung überwiesen werden. Die Sammelabteilung ersieht aus der Menge der angemeldeten Güter, für welche Orte regelmäßige Sammelladungen abgerichtet werden können. Für diese Plätze werden Sammelmappen angelegt, in welchen die einlaufenden Aufträge zusammengefaßt werden, bis eine Wagenladung vorliegt. Da die Zentrale die Sammelorte kennt, so leitet sie ohne weiteres sämtliche in Frage kommenden Aufträge nach dieser Abteilung. Ebenso geben sämtliche andere Speditionsabteilungen, wie die für Binnen-, Seeschiffahrt und Lager solche Güter ab, die sich für den Sammelverkehr eignen.

Sowie der einzelne Auftrag einläuft, wird das Gut auf das Versandlager geschafft, das diese nach den Sammelladungsplätzen geordnet zusammenstellt. Wird das Gut vom eigenen Fuhrpark angefahren, so ist ein Fuhrschein auszustellen, liefert der Kunde die Sendung jedoch selbst auf dem Lager ab, so ist der Lagermeister durch einen Einlagerschein (Form. 16) zu benachrichtigen, den die Sammelabteilung auf

Einlagerungsschein.

fortl. gedruckte Nr. Datum

Speditionsbogen Nr.

Stempel
der Sped.-Abt.

Von Firma: ....

wurden nachstehend aufgeführte Güter angeliefert zum $\frac{\text{Versand}}{\text{Dauer}}$-Lager

Zeichen u. Nr.	Zahl	Art	Inhalt	Gewicht	Bemerkungen

Lagerort: .... Zeit:

....
Unterschrift des Lagermeisters.

Form 16.

Grund des eingelaufenen Auftrages ausfüllt. Sobald das Gut eingetroffen ist, gibt der Lagermeister den Schein, der von ihm mit Lagerort und Quittung zu versehen ist, der Sammelabteilung zurück. Ist eine Ladung zusammengekommen, dann wird bei der Bahn ein Wagen angefordert, und zwar sind hierzu Angaben über Größe, Art und Verladungsort erforderlich.

Um den eigenen Lademeistern eine Unterlage zu verschaffen, auf Grund deren sie die einzuladenden Sendungen übersehen und prüfen können, ist eine Verladeliste (Form. 17) aufzustellen, die jede einzelne Sendung als besonderen Teil erkennen läßt und die Positionen fortlaufend durchnumeriert. Sobald eine Sendung in dem Wagen verstaut ist, wird sie angemerkt, so daß der Lademeister sowohl wie die Sammelabteilung aus dem Verzeichnis sofort wahrnehmen kann, daß sämt-

Die Verladeliste.

Sped.-Bg. Nr.		Heimatsort des Wagens:				Empfänger:	
		Nr. des Wagens:					
fortlauf. Nr.	Nr. der Einlage	Warenbeschreibung					Bemerkungen
		Zeichen Nr.	Zahl	Art	Inhalt	Gewicht	

Form. 17.

liche Teile in dem Wagen untergebracht sind. Die Verladeliste wird nach Beendigung des Einladens der Speditionsabteilung zurückgegeben.

Der Empfangsspediteur erhält, um den Inhalt des Wagens und die weitere Behandlung der Teilsendungen ersehen zu können, ein genaues Verzeichnis, das im Sprachgebrauch der Verkehrsanstalten als „Bordereau“ (Form. 18, siehe Tafel I. am Schluß des Buches) bezeichnet wird. Da dieser Ausdruck sich internationaler Bedeutung erfreut, ist es zweckmäßig, ihn beizubehalten. Das Bordereau dient ferner als Unterlage des Abrechnungsverkehrs zwischen Absender und Empfangsspediteur und gibt diesem Aufschluß über die von ihm vorzunehmende Weiterverrechnung der einzelnen Teilsendungen mit dem Empfänger. Die Formung des Bordereaus unterliegt wieder ganz dem persönlichen Geschmack des Spediteurs. Es haben sich infolgedessen die verschiedensten Muster herausgebildet, was die Übersichtlichkeit der gegenseitigen Abrechnung erschwert. Zur Erleichterung dieses Verkehrs würde ich es für angebracht halten, wenn der Verein Deutscher Spediteure sich mit dem Entwurf eines Bordereaus beschäftigen würde, das dann allgemein zum mindesten innerhalb Deutschlands zur Verwendung gelangen könnte.

Hier möchte ich gleich noch einen anderen Übelstand erwähnen, der viel Arbeit und Papier vergeudet. Viele Spediteure fertigen für jede Teilsendung eines Sammelwagens einen Eisenbahnfrachtbrief aus, der vom Empfangsspediteur für einen in Frage kommenden Weitertransport zu benutzen sein soll. Da der Zwischenspediteur jedoch sehr oft Änderungen in der Höhe der Nachnahme, in dem Transportweg und der Beförderungsart vornimmt, z. B. wenn er eine Teilsendung wieder als Sammelgut weiterschickt, und er außerdem lieber seine eigenen Frachtbriefe verwendet, die seine aufgedruckte Firma tragen, so wandern die des Absenders in den Papierkorb. Das gleiche Los trifft mehr oder weniger alle anderen Arten von Begleitformularen, die für die einzelnen Teile bestimmt sind. Diese ganzen Arbeiten werden um so überflüssiger, je besser das Bordereau ausgearbeitet und je allgemeiner es eingeführt ist.

Die Abrechnung der Sammelladung mit dem Zwischenspediteur wird auf dem Bordereau vorgenommen. Das beste Verfahren, wie es bereits bei verschiedenen Unternehmungen eingeführt ist, besteht darin, daß das Bordereau, das sich auf einem Zettelblock befindet, in dreifacher Ausfertigung ausgeschrieben wird. Um für den eigenen Betrieb und den Empfangsspediteur eine Kennziffer zu schaffen, ist ein Notizbuch anzulegen, in dem die abgehenden Wagen nach ihren Bestimmungsstationen geordnet durchnumeriert werden. Diese Nummer wird zusammen mit der Zielstation auf den Kopf der Ausfertigung gesetzt. Von den drei Exemplaren behält der Absender das Original zurück, während er die beiden anderen dem Empfangsspediteur zuschickt, der auf ihnen seine Gegenrechnung aufmacht und einen Durchschlag dem Absender wieder zurückreicht, während er das dritte Stück als Unterlage für seinen Betrieb behält. Da in der Praxis die Sammelwagen zwischen Spediteuren durchweg unfrankiert gesandt werden und bei der Abrechnung das Prinzip besteht, daß der Absender dem Empfangsspediteur die bisher entstandenen Kosten vermehrt um die Nachnahme des Versenders berechnet, und der Zwischenspediteur jenem wieder seine Auslagen belastet, so entsteht folgendes Bild: Der Absender belastet den Zwischenspediteur für

1. die Stückgutfracht der unfrankiert gehenden Teilsendungen, vermehrt um sonstige noch entstandene Auslagen für die Ladungsteile. Ist ein Übernahmesatz mit dem Gutsempfänger vereinbart, so kommt dieser in Ansatz.

2. Nachnahmen, die vom Versender auf ein Gut gelegt sind.

Der Zwischenspediteur belastet den Absender mit:

1. der Wagenfracht, falls dieser unfrankiert versandt wurde,

2. mit den Auslagen, die er für Frankosendungen gehabt hat; die für unfranko zieht er vom Gutsempfänger ein.

3. den Auslagen, die ihm bei unfrankierten Sendungen entstanden sind, soweit für diese ein Übernahmesatz mit dem Empfänger ausbedungen war.

Bildet man die Differenz aus den beiden Belastungssummen, so ergibt sich der Betrag, der auch entstehen würde, wenn einer die gesamte Abrechnung durchführen würde. Auf den ersten Blick mag diese Methode umständlich erscheinen, in Wirklichkeit ist sie jedoch außerordentlich praktisch, da jeder nur die Summen zu verrechnen braucht, die ihm der andere zu vergüten hat.

Zu der Ausfüllung des Bordereaus durch den Absender ist folgendes zu bemerken:

Unter Sammelwagen erscheint der Bestimmungsort und die fortlaufende Nummer des Sammelwagenverzeichnisses der Speditionsabteilung. Die Spalte Frankaturvermerk nimmt die Vorschrift über die Art der Frankierung der Teilsendung auf. Die Anordnung der Berechnungsspalten im Bordereau habe ich nach den von der Buchhaltung benutzten Konten vorgenommen, um eine glatte Verbuchung sicherzustellen. Die Spalten für Fracht und Zoll enthalten die bis zum Bestimmungsort des Sammelwagens entstandene Stückgutfracht und den Zoll bei unfrankiert gehenden Sendungen. Eigene Kosten kommen ebenfalls nur bei unfrankiert gehenden Gütern und Nachnahmesendungen in Frage, da bei Frankosendungen Fracht, Zoll und eigene Kosten dem Versender in Rechnung gestellt werden.

Hat der Empfänger mit dem Absenderspediteur einen festen Übernahmesatz für die Sendung abgeschlossen, dann setzt man unter den Frankierungsvermerk die Worte „franko gegen Nachnahme“ und wirft unter Summe den vereinbarten Betrag aus. Der Empfangsspediteur hat dann diese Summe einzuziehen, setzt davon seine Kosten ab und verrechnet den Rest mit dem Absender. Wird der Übernahmesatz nicht nachgenommen, sondern dem Empfänger durch Nota berechnet, dann geht die Sendung für den Empfangsspediteur franko, d. h. er rechnet seine Kosten mit dem Absender ab.

Um der Buchhaltung auch bei einem Übernahmesatz die nötigen Unterlagen für die Erfassung der einzelnen Kosten wie Rollgeld, Bahnfracht usw. zu verschaffen, sind die in Frage kommenden Beträge auf dem Original-Bordereau auszuwerfen. Dieses verbleibt dem Betrieb, da die für den Übernahmesatz zu leistende Arbeit immerhin ein Geschäftsgeheimnis darstellt.

Sind zur Verpackung und zum Schutz der Güter eigene Hilfsmittel gebraucht worden, wie Latten, Plane und Schlösser, so ist dafür ein besonderer Frachtbrief für die Rücksendung vom Empfangsort auszustellen. Diesen Frachtbrief stempelt die Bahn bei der Abfertigung des Waggons ab und stellt ihn dem Empfänger zu, der hierauf dann eine kostenlose Rücksendung der Materialien vornehmen kann.

Hat das Versandlager keinen Gleisanschluß, so ist ein Fuhrschein auszustellen, in dem wieder nur Nummer und Ziel des Sammelwagens und das Gesamtgewicht der abzufahrenden Ladung eingesetzt werden. Fuhrschein und Verladeliste gehen durch die Fuhrabteilung zum Lager und von dort mit den Gütern zur Abfertigungsstelle, während die Frachtbriefe nach Eintragung durch die Eisenbahnabteilung mit sonstigen Versandpapieren dem Expedienten übergeben werden, der die Abfertigung des Wagens übernimmt.

Rollt ein Wagen ins Ausland, so ist dem Frachtbrief neben den übrigen vorgeschriebenen Formularen eine Verladeliste beizulegen, um eine Übersicht über den Wageninhalt für die Zollbeamten zu schaffen, die nach Beendigung der Einladung den Wagen mit einer Plombe verschließen.

Ist der Wagen expediert, sämtliche Versandpapiere und die Bordereaudurchschriften abgesandt, so bleibt nur noch die Abrechnung über jede Teilsendung mit dem Auftraggeber über, soweit sie nicht durch den Empfangsspediteur erledigt wird. Zu diesem Zweck bleibt der Speditionsbogen mit sämtlichen Einlagen bei der Abteilung, bis ein abgerechneter Durchschlag des Bordereaus von dem Empfangsspediteur wieder eingetroffen ist. Auf Grund dieser Kopie werden nunmehr die Kosten für jede einzelne Sendung zusammengestellt und in die Einlagen der Speditionsbogen eingetragen. Hierbei ist wiederum darauf zu achten, daß ein Übernahmesatz in der Speditionsbogennota für die Buchhaltung zu zerlegen ist. Damit später kein Irrtum bei Ausstellung der Rechnung an den Kunden entsteht, ist die Abrechnung des Speditionsbogens mit einem Stempel „Übernahmesatz" zu kennzeichnen. Mit Durchführung dieser Arbeit erledigt sich der Normalfall eines Sammelwagenversands.

Bei einkommenden Sammelwagen treffen zunächst mit der Post die Bordereaus ein, die mit dem Speditionsbogen und den Einlagen von der Zentrale der Abteilung überwiesen werden. Diese kann nun sofort mit dem Ausschreiben der für die weitere Abfertigung benötigten Papiere beginnen, um eine Arbeitshäufung beim Eintreffen des Wagens zu vermeiden.

Nach dem Bordereau wird eine Entladeliste (Form. 19) angefertigt, die solche Güter zusammenfaßt, die einer gleichen Behandlung unter-

Entladeliste.

Speditionsbogen Nr.	Absender:	Verzollung:
Sammelwagen:	Verwiegen des Wagens:	Heimat u. Nr. d. Wagens:

fortlfd. Nr.	Nr. der Einlage	Zeichen u. Nr.	Zahl	Art	Inhalt	Gewicht	Bemerkungen

Form. 19.

liegen, so z. B. die Stück-, Sammel-, Stadt-, Lager- und Schiffsgüter. Hierdurch wird erreicht, daß man die dem Wagen entnommenen Sendungen gruppenweise zusammenstellen kann und so einem schnellen und sicheren Arbeiten bei dem Abruf der Waren durch eine Abteilung oder Selbstabholer die Wege ebnet. Da die Entladeliste der Verladeliste sehr ähnlich ist, könnte man auf den Gedanken kommen, daß es praktischer wäre, wenn der Absender einen Durchschlag der Verladeliste beilegen würde und so dem Empfangsspediteur diese Arbeit ersparen könnte. Dieses stößt jedoch auf Schwierigkeiten, da der Absender die Art der Weiterverladung durch den Zwischenspediteur nicht kennt.

Trifft die Sammelladung ein, so wird dem Expedienten die Entladeliste übergeben. Der Lademeister prüft den Verschluß des Wagens und, falls ein Transport aus dem Ausland vorliegt, wird ein Zollbeamter benachrichtigt, welcher der Wagenöffnung beiwohnt und die Ausladung der Güter an Hand der vom Absender beigelegten Verladeliste überwacht. Ist der Wagenverschluß beschädigt, so wird ein Bahnbeamter bei der Entladung zugezogen. Außerdem wird der Wagen vor und nach der Entleerung von der Bahn gewogen, um einen etwa vorhandenen Unterschied der Gesamtladung zwischen Auf- und Ablieferungsgewicht festzustellen. Der Lademeister merkt auf der Entladeliste jeden Posten an und macht bei beschädigten Kollis eine entsprechende Notiz. Die Liste kommt, bei Auslandssendungen von den Zollpapieren begleitet, durch den Expedienten zur Speditionsabteilung zurück, die von den einzelnen Bemerkungen des Lademeisters Kenntnis nimmt und etwaige Unstimmigkeiten regelt. Durch Herausgabe der Fuhrscheine, Frachtbriefe und durch Absendung der Benachrichtigungen an Selbstabholer leitet die Abteilung die endgültige Zustellung der Güter an die Empfänger in die Wege mit Ausnahme solcher Sendungen, die eingelagert oder verschifft werden sollen. Die zu diesen Fällen gehörigen Speditionsbogeneinlagen überweist sie den betreffenden Speditionsabteilungen, die dann ihrerseits die Weiterbehandlung des Gutes und die Schlußabrechnung mit dem Auftraggeber übernehmen.

Die Verrechnung des Sammelwagens mit dem Absender habe ich bereits geschildert. Es bleibt der Abteilung nur noch die Abrechnung der Teilladungen mit jedem einzelnen Empfänger übrig, die sich nach der Art der Zustellung richtet und in der betreffenden Einlage des Speditionsbogens aufgemacht wird. Eine Vereinfachung der Abrechnung tritt bei den Sammelwagen ein, welche Handels- oder Industrieunternehmen dem Spediteur zulaufen lassen, und zwar dadurch, daß diese fast regelmäßig die Ladungen franko senden. Der Speditionsbogen sowie die der Sammelabteilung verbleibenden Einlagen wandern nunmehr zu den Verwaltungsabteilungen, wo sie mit den Einlagen zusammentreffen, die an andere Speditionsabteilungen zur Durchführung des Transportes ausgehändigt worden waren.

Die Folgerungen, die sich aus meinen Auseinandersetzungen über den Sammelverkehr ergeben, fasse ich nachstehend zusammen:

1. Der volkswirtschaftliche Nutzen der Sammelspedition ist unverkennbar, da selbst Auflieferer einzelner Kolli in normalen Zeiten eine Frachtersparnis erzielen.

2. Die Sammeltätigkeit wird durch den gebotenen finanziellen Nutzen so intensiv, daß die Spediteure in ihrer Gesamtheit der Bahn eine ungeheure Arbeitslast beim Ein- und Ausladen sowie der Verrechnung von Tausenden einzelner Kolli abnehmen. Die Einschaltung des Spediteurs zwischen Kunde und Eisenbahn bewirkt daher eine Teilung der von der Bahn zu leistenden Arbeit. Die Frage, ob der Gesamtgüterumlauf durch die Einrichtung des Sammelverkehrs in nennenswertem Maße gehoben wird, möchte ich verneinen, da der gewährte Frachtnutzen wohl gelegentlich einen Anreiz zur Beförderung ausüben mag, die sonst unterblieben wäre; im allgemeinen ist die Differenz jedoch zu klein.

3. Der Nutzen, den der reelle Spediteur in normalen Zeiten aus der Frachtdifferenz zieht, erscheint im Vergleich zu der umfangreichen von ihm zu leistenden Arbeit durchaus angemessen, zumal da er im Interesse der Kundenwerbung stets geneigt sein wird, auch diese in den Genuß des Frachtvorteils zu setzen.

4. Da der Sammelverkehr einen Hauptgeschäftszweig im Speditionsgewerbe bildet, so ist darauf hinzuwirken, daß die Form, in die sich der Sammelverkehr zwischen zwei Spediteuren kleidet, nach festen Grundsätzen organisiert wird, so daß eine möglichst große Übersicht bei der Abwicklung gegeben ist.

c) Die Abteilung für Wagenladungen.

Ein dritter Zweig der Bahnspedition befaßt sich mit der Abfertigung von ganzen Wagenladungen, die von einer Warengattung gebildet werden. Jedoch scheiden hier alle diejenigen Verfrachtungen aus, die mit der Schiffahrt, dem Dauerlager oder dem Möbeltransport zu tun haben, und daher von diesen Abteilungen zu erledigen sind.

Die Abwicklung dieses Verkehrs bietet keine besonderen Schwierigkeiten. Handelt es sich um einen Ausgang, so ist neben der Waggonbestellung das Gut vom Versender zum Verladeplatz zu fahren, was auf Grund eines Fuhrscheins erledigt wird. Der betreffende Expedient erhält sodann, falls das Gut es erfordert, eine Verladeliste, nach welcher der Lademeister die Verstauung vornimmt. Die Abfertigung des Wagens führt der Expedient auf Grund der von der Abteilung ausgestellten Frachtbriefe aus. Ist die Sendung für mehrere Empfänger bestimmt, so bedarf es einer eingehenden Unterrichtung des Zwischenspediteurs, die sich am besten mit Hilfe des Bordereaus bewerkstelligen läßt. Auf diesem erfolgt gleichzeitig wieder die gegenseitige Abrechnung der Spediteure untereinander.

Eine eingehende Waggonladung wird entweder einem Empfänger durch die Fuhre zugestellt, oder sie ist auf mehrere Abnehmer zu verteilen, wobei wieder Weitertransporte als Stück-, Sammel- oder Schiffsgut in Frage kommen können.

Die Abrechnung über Ein- und Ausgang zwischen den Spediteuren untereinander, sowie zwischen ihnen und dem Kunden als Versender oder Empfänger, ergibt sich ohne weiteres aus den beiden vorhergehenden Abschnitten. Die Entschädigung des Spediteurs für seine Leistungen liegt in der Provision für Fracht, Nachnahme und Zoll, ferner in dem Rollgeld und anderen kleinen Nebengebühren, die für Ein- und Ausladen berechnet werden.

3. Die Schiffspeditionsabteilungen.

Sämtliche Speditionsfälle, die mit der Schiffahrt zusammenhängen, werden in einem Speditionsunternehmen in den Schiffahrtsabteilungen zusammengefaßt. Die von ihnen zu leistende Arbeit kann man ihrer Art nach wieder in die für Binnen- und die für Seeschiffahrt zerlegen. Ein Grund zu einer derartigen Trennung dürfte in diesem Fall jedoch nur in der Menge der zu bewältigenden Arbeit bestehen, da diese beiden Arten von Geschäftszweigen sich in ihrer Technik nur wenig unterscheiden. Um Wiederholungen zu vermeiden, fasse ich daher die Behandlung von See- und Binnenschiffahrt zusammen und werde nur an den betreffenden Stellen die Unterschiede hervorheben.

Die Aufgabe der Schiffahrtsabteilungen ist es, Beförderungsverträge mit den Schifffahrtsunternehmungen abzuschließen, auf Grund deren die Güter der Versender zur Verfrachtung gebracht werden. Außerdem übernimmt die Abteilung die Zustellung der an sie per Schiff versandten Güter an die endgültigen Empfänger. Den Empfang und Weiterversand von Waren mit der Bahn, soweit sie für den Aus- oder Eingang das Schiff benutzen, führt die Abteilung selbst aus mit Ausnahme solcher, die durch den Sammelverkehr laufen.

Ähnlich wie im Bahnverkehr ist auch bei Verschiffungen eine Teilung durch die Verladungsart gegeben, und zwar ist in der Binnenschiffahrt zu unterscheiden zwischen Stückgut, das einzeln aufgegeben wird, und der Kahnladung, die aus Massengütern, wie Steinen, Getreide, Zucker usw. besteht. Bei der Seeschiffahrt dagegen handelt es sich immer nur um einen Ladungsteil für die Seedampfer, da es wohl kaum vorkommen dürfte, daß ein Kölner Spediteur eine ganze Schiffsladung zusammenbringt.

Hat der Spediteur von einem Kunden eine Anfrage oder einen Auftrag zur Verschiffung erhalten, so wendet er sich an die zuständigen Reedereien oder deren Schiffsmakler und läßt sich einen Übernahmesatz aufgeben. Dieser umfaßt in seiner engsten Umgrenzung nur die Fluß- oder Seefracht mit den dazu gehörigen Spesen. Die Leistung des Reeders kann aber auch weitergehen, indem er die Ladung selbst lädt oder löscht, sie im Hafen umschlägt, und zwaı zwischen Bahn und Schiff oder zwischen Kahn und Seedampfer. Das vollkommenste ist die Durchfracht, die für den Transport vom Binnenhafen bis Ankunft Überseehafen, ja sogar bis Haus Empfänger berechnet wird. Da der Spediteur unter Umständen durch seine Filiale oder einen Korrespondenten die An- oder Abfuhr zum Schiff billiger bewerkstelligen kann als der Reeder, so ist es seine Aufgabe, die Leistungen zu bestimmen, die der Übernahmesatz enthalten soll. Der Frachtsatz selbst wird im allgemeinen von den Reedereien nach Gewicht angegeben, daneben kommt es aber auch vor, daß sich der Schiffer die Berechnung nach Gewicht oder Maß vorbehält.

Handelt es sich um ganze Kahnladungen, die der Spediteur verschiffen soll, so wird er zur Mietung eines Kahnes (Charterung) greifen. Hier stehen ihm durchweg zwei Möglichkeiten offen, und zwar:

1. Die Charter für Tag und Tonne. Die zu durchfahrende Entfernung kommt hier nur mittelbar durch die erforderliche Zeit zum Ausdruck.

2. Die Charter nach Tonne und Entfernung. Hierin befinden sich jedoch die Lösch- und Ladetage des Kahnes, deren Zahl entweder nach dem Gesetz für die Binnenschiffahrt oder auf Grund persönlicher Vereinbarungen festgesetzt wird. Eine Überschreitung dieser Frist bedingt Sonderkosten.

Die Frachten in der Schiffahrt sind, ganz abgesehen von der Gegenwart, auch in normalen Zeiten Schwankungen unterworfen, die aus dem wechselnden Verhältnis zwischen Ladungs- und Frachtraumangebot entstehen. Die Seeschiffahrt hängt hier vollkommen vom Weltfrachtenmarkte ab, während die Binnenschiffahrt sich auf ein bedeutend engeres Feld, das eines Flußlaufes und seiner Seitenstraßen beschränkt. Als ein wesentlicher, preisbildender Faktor in der Binnenschiffahrt kommt der Wasserstand der Flußläufe in Frage, da der Tiefgang eines Kahnes bei geringem Wasserstand die volle Ausnutzung unmöglich macht und daher eine größere Nachfrage nach Frachtraum bewirkt. Für die Binnenschiffahrt finden wir Börsen in Ruhrort und Hamburg, wo sich die Grundpreise für Frachten bilden, die selbstverständlich durch Verhandlung zwischen dem Ablader (Absender) und Reeder (Verfrachter) Abänderungen unterliegen.

Der Spediteur, der regelmäßige Verschiffungen vornehmen kann, wird versuchen, eine normale Wirtschaftslage vorausgesetzt, durch einen Vertrag auf längere Zeit einmal einen möglichst niedrigen und vor allem einen festen Satz mit dem Reeder zu vereinbaren, und zwar kann die Veranlassung hierzu darin liegen, daß der Spediteur selbst wieder einen dauernden Kunden hinter sich hat, der ihm ständig Güter zuweist, oder aber der Spediteur tätigt den Vertrag in der Hoffnung, die erforderliche Frachtmenge im Laufe der Zeit zu erhalten. Im letzten Fall geht der Spediteur ein doppeltes Risiko ein, nämlich:

1. daß er die für die an der Vertragserfüllung fehlende Gütermenge fällige Fracht zu zahlen hat, und
2. daß die Tagesfrachten unter den vereinbarten Satz sinken können.

Der Spediteur ist durch einen derartigen Abschluß in den Stand gesetzt, regelmäßigen Kunden ebenfalls feste Sätze zu berechnen, was für Handel und Industrie von außerordentlicher Bedeutung ist. Außerdem aber ist es möglich, daß er sich neue Kunden durch seine niedrigen Frachtnotierungen erwerben kann. Aber auch der Reeder findet seinen Vorteil bei diesen langfristigen Verträgen, da er ebenfalls mit einer festen Frachtmenge rechnen kann. Daneben besteht noch ein Vorzug darin, daß der Reeder nicht mit vielen kleinen Kunden, sondern mit wenigen großen, den Spediteuren und Schiffsmaklern zu tun hat, was seinen Betrieb wesentlich vereinfacht.

Man kann klar hieraus erkennen, wie durch die Tätigkeit des Spediteurs eine Milderung der Frachtschwankungen eintritt, die nicht nur ihm, sondern auch seinem Kunden und dem Reeder zum Vorteil ausschlägt. Hier wie im Sammelverkehr tritt besonders deutlich die enge Verkettung des volkswirtschaftlichen Nutzens des Speditionsgewerbes mit seinem privatkapitalistischen hervor.

Der Spediteur beschränkt sich jedoch nicht nur auf Frachtlieferungsverträge mit den Reedereien, sondern er geht dazu über, deren Vertretung zu übernehmen. Man findet oft, daß sich große Speditionsunternehmungen entweder ausgesprochene Filialbetriebe von Reedereien angliedern oder zum mindesten als Schiffsmakler tätig sind.

Ist mit einem Kunden ein Frachtvertrag abgeschlossen, so erhält er gleichzeitig Anweisung, wohin er das Gut oder den Eisenbahnwagen schicken soll, um die Sendung möglichst dicht ans Schiff zu bringen, da im anderen Fall wieder Fuhrkosten entstehen würden. Der Lade- und der Löschplatz werden im allgemeinen von der Reederei bestimmt, jedoch kommen hier Ausnahmen vor, wenn z. B. eine größere Ladung eines losen Massengutes bereits an einer anderen Hafenstelle liegt, so wird man das Schiff dorthin verholen. Der gecharterte Kahn lädt und löscht dagegen stets nach des Befrachters (Spediteurs) Anweisung. Auf Grund des vom Kunden eingelaufenen Auftrages wird eine meistens von der Reederei gelieferte Versandvorschrift ausgefüllt, die alles Wesentliche für den Transport und seine Abwicklung enthält. Die Reederei stellt hiernach die Versandpapiere wie Frachtbrief, Ladeschein oder Konnossement aus. Der Spediteur erhält dann einen Empfangsschein, den er mit den Gütern zur Ladestelle des Schiffes schickt, und auf dem die Ablieferung des Gutes an den Reedereibeauftragten bestätigt wird. Da einige Reedereien derartige Empfangsscheine nicht ausfertigen, würde auch eine Abstempelung und Unterschrift auf dem Fuhrschein genügen, oder bei Umschlag aus der Bahn ein einfaches Quittungsbuch eine hinreichende Unterlage schaffen. Hat das Schiff fertig geladen, so empfängt der Spediteur gegen Ablieferung des Empfangsscheines die Konnossemente oder Ladescheine mit Frachtbrief, die er je nach Auftrag dem Versender, Empfänger oder einem anderen Beauftragten, z. B. einer Bank, zustellt.

Während der Frachtbrief des Binnenschiffers keine Urkunde von besonderem Wert darstellt und sich ganz dem Landfrachtrecht anpaßt, sind das Konnossement und der diesem ähnliche Ladeschein des Binnenschiffers Wertpapiere, die an Order gestellt werden können und das Eigentum an der Ware übertragen. Durch die Traditionseigenschaft der beiden Papiere ist es leicht möglich geworden, eine Bank in diesen Kreislauf einzuschalten, welche die Verschiffung des Versenders finanziert. Der Spediteur, der Nachricht hiervon durch die Bank und den Versender empfängt, wirkt hier als Treuhänder. Er unterrichtet von dem Empfang und Versand die betreffende Bank und händigt ihr dann gegen Zahlung etwa einzuziehender Kosten, die sich nach dem Frankaturvermerk richten, die Papiere aus.

Endlich hat der Spediteur noch den Empfänger von der Absendung der Güter zu benachrichtigen und, falls dieser ebenfalls ein Vermittler (z. B. Spediteur) ist, ihm genaue Anweisung über den Weitertransport zu geben. Die Abrechnung selbst richtet sich nach den Frankierungsvorschriften des Versenders. Hier ergeben sich eine ganze Reihe von Möglichkeiten:

1. franko Haus Empfänger bedeutet, daß der Versender sämtliche Kosten einschließlich der Zustellung trägt.

2. unfrankiert ab Lagerort Ware: der Empfänger bezahlt den ganzen Transport.

Diese beiden Grenzfälle, bei denen einer die gesamten Frachtkosten trägt, sind jedoch nicht sehr üblich, sondern man findet bei weitem häufiger, daß diese Kosten nach einer bestimmten Vereinbarung zwischen Versender und Empfänger aufgeteilt werden. Der Grund hierfür liegt darin, daß bei umfangreichen oder weiten Transporten die Frachten einen erheblichen Betrag in der Warenkalkulation ausmachen und daher zu einem vielbenutzten Mittel bei der Festsetzung des Warenpreises werden. Zwischen diesen beiden Grenzfällen liegen als gebräuchlichste Formen:

3. free on board (fob): sämtliche Kosten bis einschließlich der Ladespesen an Bord des Dampfers gehen zu Lasten des Versenders.

4. cost, insurance, freight (cif): der Versender stellt die Ware frei Empfangshafen einschließlich der Versicherung.

5. Endlich ist noch jede beliebige andere Kombination zwischen den gesamten Frachtkosten möglich, z. B. daß die Ware vom Versender im Ankunftshafen noch frei aufs Kai gesetzt wird, usw.

6. Zu allen diesen Arten kann dann noch die Möglichkeit einer Belastung durch Nachnahme hinzukommen.

Da der versendende Spediteur begreiflicherweise ein großes Interesse daran hat, seine Beteiligung am Transport nach Möglichkeit auszudehnen und sich auf alle Fälle die Provision der Reedereien oder den aus festen Abmachungen mit diesen Reedereien sich ergebenden Frachtgewinn zu sichern, bedient er sich bei allen Sendungen, die vom Ausgangshafen z. B. fob oder vollständig zu Lasten des Empfängers reisen, der Klausel „franko gegen (Nachnahme)". Der Spediteur zahlt hierbei die Frachtkosten wie bei einer Frankosendung und nimmt die entstandenen Unkosten nach. Hierdurch wird an der Wirkung der ursprünglichen Frankierungsvorschrift nichts geändert.

Ist der Spediteur selber Schiffsmakler oder Filiale einer Reederei, dann ist es seine Sache, für sich selbst oder andere Verfrachter die Ladescheine oder Konnossemente auszuschreiben. Außerdem liegt es ihm ob, die Ladungsverzeichnisse (Manifeste) zusammenzustellen und für die Zollabfertigung der ganzen Ladung die nötigen Unterlagen zu schaffen, während der reine Spediteur lediglich die für seine Sendung erforderlichen Zollpapiere der Reederei überweist. Da die Technik der Schiffsabfertigung einerseits keine Besonderheiten bietet, außerdem aber nicht zum eigentlichen Speditions-, sondern Reedereibetrieb gehört, gehe ich nicht näher auf sie ein.

Die Aufmachung der Abrechnung mit dem Versender, Absender oder Empfänger erfolgt wiederum auf der Innenseite der Speditionsbogen, die hierauf den Verwaltungsabteilungen überwiesen werden.

Bevor im einkommenden Verkehr ein Schiff einläuft, trifft beim Spediteur eine Benachrichtigung vom Absender oder Empfänger ein, daß dieser eine bestimmte Ladung empfangen soll. Außerdem sind Anweisungen über die Weiterbehandlung vorgeschrieben, oder der Spediteur holt sie ein. Ebenfalls vor der Ankunft des Schiffes erhält er die Konnossemente oder Ladescheine. Wurde eine Bank in Anspruch genommen, so übergibt sie dem Spediteur die Papiere mit der Verpflichtung, die Ladung zu ihrer Verfügung zu halten. Die Herausgabe der Ware erfolgt nur gegen Anweisung der Bank. Der Spediteur ist also auch in diesem Falle der Treuhänder.

Um das Gut in Empfang nehmen zu können, wird auf die Meldung vom Einlaufen des Schiffes das Konnossement oder der Ladeschein bei der Reederei vorgezeigt. Die darauf ruhenden Kosten werden bezahlt oder durch Verrechnung beglichen. Die Reederei wird meistens das Originalkonnossement, das der Spediteur einreicht, zur eigenen Deckung zurückbehalten und dem Spediteur eine Kopie mit der Abrechnung der Fracht und Spesen aushändigen. Gleichzeitig erhält er einen in duplo ausgestellten Abfolgeschein, auf Grund dessen der Reedereibeauftragte die Sendung herausgibt. Die zweite Ausfertigung wird der Hafenpolizei bei der Abfuhr des Gutes aus dem Hafen durch den Fuhrmann als Kontrolle übergeben. Damit hat dieser Schein seinen Zweck erfüllt.

Trifft das Schiff ein, so nimmt die Reederei sofort die Löschung vor. Erhält der Spediteur eine Kahnladung oder eine Teilladung Massengüter, so wird unter Umständen das Schiff an den vom Spediteur gewünschten Platz verholt. Dieses hat seinen Grund darin, daß die großen Speditionsunternehmungen ihre eigenen Löschvorrichtungen wie Kräne, Selbstgreifer und automatische Sackwagen besitzen, und andererseits sie im Hafen ihre eigenen oder von der Stadt gemieteten Lagerschuppen haben, in die das Gut unmittelbar vom Schiff abgesetzt wird. Auf diese Weise kann der Spediteur genau wie die Lade- auch hier die Löschkosten verdienen. Außerdem wird sich bei großer Ladung das Verholen des ganzen Schiffes billiger stellen als die Umfuhr und das Absetzen der Güter auf Lager.

Kommt eine Ladung aus dem Ausland an, so nimmt die Hafenbehörde sofort die Löschung im Zollausschlußgebiet (Freihafen) vor. Wie sich die Abwicklung der Verzollung im einzelnen gestaltet, werde ich in dem Abschnitt über die Verzollungsabteilung auseinandersetzen.

Die Weiterbehandlung der Ware kann entweder im Versand durch die Bahn, die Fuhre oder in der Übergabe an Selbstabholer bestehen. Die Technik der Abwicklung ist bereits bekannt. Endlich kann die Sendung auch im Hafen zu Lager genommen werden, was eine besondere Verwaltung voraussetzt. Die erforderliche Führung von Lagerbüchern durch die Schiffahrtsabteilung und den Lademeister gleicht der der Lagerabteilung so vollkommen, daß ich hier, um Wiederholungen zu vermeiden, von einer Besprechung absehe und auf die Organisation der Lagerabteilung verweise.

Die zur Verrechnung mit dem Empfänger, den Reedereien und dem Versender gelangenden Kosten werden wie üblich in dem Speditionsbogen zusammengestellt, der über diesen Fall ausgeschrieben worden ist und nach erfolgter Abrechnung den Verwaltungsabteilungen übergeben wird.

Im ganzen ist über die Schiffahrtsabteilung zu sagen, daß ein ertragreiches Wirtschaften kaufmännisch besonders befähigte Leiter voraussetzt, die den Frachtenmarkt aufs eingehendste kennen müssen. Die Organisation der Abteilung bietet dagegen keine besonderen Schwierigkeiten.

4. Die Möbeltransportabteilung.

Ein weiterer Zweig des Speditionswesens ist der Möbeltransport. Ihm fällt die Bewerkstelligung ganzer Umzüge zu, und zwar sowohl innerhalb der Stadt wie nach außerhalb und Übersee. Nicht zu dieser Art gehören Transporte von einzelnen Möbeln, die als Stückgut verladen werden. Die Abwicklung eines einzelnen Umzuges hält sich bezüglich seiner Organisation in verhältnismäßig einfachen Formen, verglichen mit denen anderer Speditionsabteilungen. Das entscheidende Moment bei diesem Geschäft liegt fast ausschließlich in der Tüchtigkeit und Zuverlässigkeit des abschließenden Beamten und der ausführenden Packer. Die vielen zerbrechlichen Gegenstände und Möbelstücke mit empfindlicher Politur erfordern bei der Verpackung ein so hohes Maß von Geschicklichkeit, daß der Privatmann nicht blindlings seinen Auftrag abgibt, sondern sich nach Möglichkeit von Bekannten eine Firma empfehlen läßt, die Möbeltransporte in einwandfreier Weise ausgeführt hat. Die Zufriedenheit des Kunden über einen gelungenen Umzug wird daher stets werbend für die Firma wirken. Nicht selten findet man, daß ein Kunde beim Umzug sich an einen ihm bekannten Spediteur eines anderen Platzes wendet, um nicht mit einem fremden seiner Stadt arbeiten zu müssen.

Wird dem Spediteur ein Hausstand bekannt, der umzuziehen beabsichtigt, so tritt er an den Betreffenden mit einem Angebot heran, das sich allerdings nur in allgemeinen Formen halten kann. Eine genaue Preisstellung kann erst erfolgen, wenn man die Menge der zu befördernden Möbel übersehen kann. Zu diesem Zweck begibt sich ein Beamter zu der Wohnung und schätzt den Raum ab, den die Möbel in einem Wagen beanspruchen werden. Ein Nachmessen der einzelnen Möbelstücke und eine darauf sich aufbauende Errechnung des Wagenbedarfes wird nicht vorgenommen. Die betreffenden Beamten sind durch die Gewohnheit derartig geschult, daß sie dieser zeitraubenden Hilfsmittel nicht bedürfen. Da selbstverständlich durch die Größe des Möbelwagens der Preis beeinflußt wird, kommt es darauf an, genaue Ergebnisse beim Schätzen zu erzielen, da bei überflüssigem Raum die Konkurrenz unterbietet und bei Raumknappheit Schwierigkeiten in der Verladung entstehen.

Die Ausmessungen aller Möbelwagen in Breite und Höhe sind ungefähr gleich. Sie unterscheiden sich hauptsächlich in der Länge, und zwar gibt es Wagen von 5 bis zu 10 Meter Abmessung. Die Berechnung des Entgelts für einen Möbelwagen wird daher stets nach laufenden

Metern vorgenommen. Zu seiner vollständigen Ausrüstung gehören noch allerlei Zubehörteile, die bei der Durchführung des Transportes erforderlich sind und daher ständig beim Wagen bleiben, dieses sind Hebebäume, Ketten, Vorlegeklötze, Schlösser, Körbe und anderes. Ist ein Fünfmeterwagen noch zu geräumig, so werden für Transporte nach auswärts sogenannte Möbelkoffer hergestellt, deren Größe sich nach den aufzunehmenden Möbeln richtet und daher sehr verschieden ist. Diese Koffer sind ebenfalls wie Wagen gepolstert und mit Vorrichtungen zum Festschnüren der einzelnen Stücke versehen. Nach Gebrauch werden sie verkauft, da eine abermalige Benutzungsmöglichkeit durch den Spediteur ein großer Zufall wäre. Für den Überseetransport sind als Beförderungsgefäße die Liftvans in Gebrauch (zu Deutsch: ein Möbelwagen, der in die Luft gehoben, gelüftet werden kann). Diese Liftvans werden im allgemeinen in einer Länge von 4—5 Metern und in derselben Höhe und Breite wie ein Möbelwagen gebaut, jedoch haben sie zur besseren Verstauung im Schiff ein flaches Dach. Innen sind sie ebenfalls gepolstert und mit Schnürvorrichtungen ausgerüstet. Da die Liftvans keine Fahrgestelle besitzen, so sind sie mit Lastwagen abzutransportieren. Ebenso wie die Möbelkoffer werden sie nach Gebrauch verkauft, was bei guter Ausführung in Übersee meistens leicht zu bewerkstelligen ist.

Für die Berechnung eines Umzuges hat der Verband Deutscher Möbeltransporteure, der weitaus die größte Zahl deutscher Möbelspediteure umfaßt, einen Mindesttarif herausgegeben. Die einzelnen Posten dieses Tarifes, wie z. B. An- und Abfuhr zur Bahn, Be- und Entladung des Wagens sind abgestuft nach den in einer Stadt herrschenden Lebensverhältnissen. Die Hauptpunkte in der Berechnung bilden die Kosten für:

1. Gestellung eines Möbelwagens.
2. Eisenbahn- oder Schiffsfracht.
3. An- und Abfuhr.
4. Die Packer.
5. Miete von Kisten, Körben, Packmaterial.
6. Zuschläge bei besonders schweren oder empfindlichen Möbelstücken, wie Geldschränken, Flügel, Glasschränke usw.
7. Tarifmäßige Trinkgelder an die Packer und Arbeiter.
8. Versicherung.

Auf Grund dieser Unterlagen wird der Umzugsvertrag (Form. 20) ausgeschrieben, der gleichzeitig die Daten für Ein- und Auspacken für den Umzug und die Wohnungsangabe enthält. Zweckmäßigerweise wird man die allgemeinen Umzugsbedingungen, die der Verband deutscher Möbeltransporteure aufgestellt hat, der Offerte mit beilegen. Nimmt der Versender das Angebot an, so reicht er dem Spediteur den vollzogenen Durchschlag des Auftrages zurück. Dieser gelangt durch die Zentrale nach Ausschreibung eines Speditionsbogens zur Möbeltransportabteilung, deren Aufgabe es ist, am Umzugstage das Erforderliche zu veranlassen. Da es sich um ein Geschäft handelt, das zu einem be-

Umzugsvertrag.

(Speditionsfirma) (Datum)

Herrn

....

....

.... Str.

Wir erlauben uns, Ihnen unsere Dienste für den geplanten Umzug anzubieten und würden Ihnen für die Übernahme folgende Kosten in Rechnung stellen:

	Betrag	
1. für die Gestellung eines Möbelwagens		
2. für Eisenbahn- oder Schiffsfracht		
3. für An- und Abfuhr		
4. für die Gestellung von Packern		
5. für Miete von Packmaterial		
6. für Zuschläge beim Transport besonders schwerer oder empfindlicher Gegenstände		
7. für Trinkgelder an die Packer und Arbeiter . . .		
8. für Versicherung		
Sa.		

Bei Annahme unseres Angebotes bitten wir höflichst um Rücksendung des unterzeichneten Durchschlages.

Hochachtungsvoll

(Unterschrift)

Form. 20.

stimmten Zeitpunkt auszuführen ist, so ist die Aufzeichnung dieser Aufträge nach dem Termin ihrer Ausführung vorzunehmen, und zwar wird das Datum maßgebend sein, zu dem die früheste Leistung zu bewirken ist, also z. B. Gestellung der Packer. Zu diesem Zweck richtet man sich eine Sammelmappe ein, in der in chronologischer Reihenfolge die Speditionsbogen mit den Aufträgen gesammelt werden. An dem

Vom Kunden
zu unterschreibender Durchschlag des Umzugsvertrages.

(Datum)

Speditionsfirma

....

Hierdurch erteile ich Ihnen den Auftrag, meinen am ....
.... stattfindenden Umzug
von ....
nach..
zu den Bedingungen des Verbandes deutscher Möbeltransporteure gegen die nachstehenden Kosten zu übernehmen:

	Betrag	
1. Gestellung eines Möbelwagens		
2. Eisenbahn- oder Schiffsfracht.		
3. An- und Abfuhr		
4. Arbeitslohn für Packer		
5. Miete für Packmaterial		
6. Zuschläge beim Transport besonders schwerer oder empfindlicher Gegenstände		
7. Tarifm. Trinkgelder an Packer u. Arbeiter		
8. Versicherung		
Sa.		

Hochachtungsvoll

Unterschrift

Zu Form. 20.

der ersten Leistung (z. B. Lieferung der Packkörbe) vorhergehenden Tage ist ein „Fuhrschein für Umzüge" dem Fuhrbetrieb zu übermitteln, damit dieser seine Dispositionen treffen kann. Bei Transporten nach außerhalb sind außerdem erforderlich:

1. Ein Frachtbriefduplikat.
2. Ein polizeilich abgestempeltes Inhaltsverzeichnis des Möbelwagens.
3. Die polizeiliche Abmeldung.

4. Eine Bescheinigung des Finanzamtes über die Zahlung der fälligen Steuer.

5. Die Abstempelung der Frachtbriefe durch die Polizei.

6. Ein Polizeischein, der als Verschluß über die Wagentüren zu kleben ist.

7. Für das Ausland eine Konsulatsfaktura.

Endlich ist gegebenenfalls für die Gestellung eines Eisenbahnwagens oder die Beschaffung von Schiffsraum Vorsorge zu treffen. Reichen die eigenen Leute für die Bewältigung des Umzuges nicht aus, so gibt es bestimmte Wirtschaften, in denen morgens Transportarbeiter vorsprechen, so daß hier stets einige Leute zu erreichen sind.

Die Einkassierung der Umzugskosten geschieht in zwei Hälften, und zwar die erste nach dem Einladen und die zweite vor dem Ausladen.

Quittungsformular für Umzugsraten.

fortlfd. Nr.:		fortlfd. Nr.:		fortlfd. Nr. Datum
				Speditionsbogen Nr,
Sped.-Bg. Nr.:		Sped.-Bg. Nr.:		
				Quittung.
Name des Umziehenden:	Lochnaht	Name des Umziehenden:	Lochnaht	Von Herrn ....
....		....		die ....Rate in Höhe von
Rate Nr.		Rate Nr.		Mark ....
Betrag:				erhalten zu haben, bescheinigt
(Unterschrift)		(Unterschrift)		(Unterschrift)
(Datum)		(Datum)		

Form. 21.

Innerhalb der Stadt wird man natürlich den ganzen Betrag in einem Mal erheben. Zur Einziehung der Summe wird eine Quittung (Form. 21) ausgeschrieben. Die zu einem Buch gebundenen Quittungsformulare sind durch eine Lochnaht von einem Stamm Nr. 2 getrennt und mit diesem wiederum von einem Stamm Nr. 1. Der Stamm 1 verbleibt in dem Buch der Möbeltransportabteilung, während der Stamm Nr. 2 mit dem eingezogenen Betrag der Kasse als Beleg übergeben wird, und die Quittung selbst dem Empfänger auszuhändigen ist. Geht der Wagen nach auswärts, so setzt man sich mit einem Möbelspediteur am Empfangsort in Verbindung. Dieser Korrespondent, der ebenfalls Mitglied des Vereins Deutscher Möbeltransporteure sein muß, erhält eine Benachrichtigung von dem eintreffenden Möbelwagen und eine genaue Aufstellung aller erforderlichen Angaben, die für die Zustellung und das Auspacken in Frage kommen. Hierher gehört auch die Einziehung der noch ausstehenden Teilsumme, die der Empfangsspediteur nach Abzug seiner Kosten überweist. Ferner ist von ihm ein Verzeichnis über die beim Möbelwagen befindlichen Packmaterialien nach Beendigung des Umzuges quittiert wieder zurückzuschicken, um so dem Absender eine Unterlage über die Vollzähligkeit der Zubehörteile zu schaffen. Außerdem ist dem Empfangsspediteur der Schlüssel zum Möbelwagen zuzustellen.

Sind die Umzugsarbeiten für den Absenderspediteur erledigt, so gelangen Fuhrschein, das etwa ausgestellte Frachtbriefduplikat oder Konnossement zur Möbeltransportabteilung zurück und werden mit dem Speditionsbogen den Verwaltungsabteilungen übergeben.

Die bei dem Eingang eines Transportes von auswärts vorzunehmenden Arbeiten wickeln sich entsprechend ab. Ist der Umzug zur Ausführung gelangt, so wird der Wagen unter Angabe seines Stand- und Heimatsortes, seiner Länge sowie des Eigentümers bei der Zentralstelle des deutschen Möbeltransportes angemeldet, die sämtliche einlaufenden Angebote in einer wöchentlich erscheinenden Zusammenstellung veröffentlicht. Gleichzeitig gibt der Verband eine zweite Liste heraus, aus welcher die Gesuche geordnet nach Abgangs- und Bestimmungsort, Größe und Zahl der Wagen sowie suchende Firma hervorgeht, so daß durch das Zusammentreffen von Angebot und Nachfrage eine möglichst schnelle Wiederausnutzung erleichtert wird.

Der Wagen selbst wird im Fuhrpark des Empfangsspediteurs untergestellt, und zwar auch dann, wenn eine Ablieferung der Möbel aus irgendwelchen Gründen nicht stattfinden konnte, wobei im letzten Falle vom Auftraggeber ein Standgeld erhoben wird. Während zwischen den Spediteuren des gleichen Verbandes kein Entgelt für die Unterstellung berechnet wird, wird jedoch für die Benutzung eines fremden Wagens eine Miete mit dessen Eigentümer vereinbart.

Um nachträglichen Reklamationen vorzubeugen, empfiehlt es sich, sofort nach Ablieferung eine schriftliche Bestätigung vom Empfänger über die einwandfreie Ausführung des Umzuges einzuholen. Dieses kann der leitende Packer übernehmen. Sind größere Beschädigungen vorgekommen, so wird sofort eine Tatbestandsaufnahme ausgeschrieben und die Ansprüche bei der Versicherungsgesellschaft angemeldet. Kleinere Ausstellungen werden sich meistens schnell durch Rücksprache zwischen dem Abteilungsleiter und dem Kunden erledigen lassen. Eine gewisse Großzügigkeit in der Behandlung kleinerer Schadensfälle wird auch hier mit dazu beitragen das Vertrauen der Kundschaft zu heben.

Sämtliche über einen eingehenden Transport ausgefertigten Papiere werden zum Schluß den Verwaltungsabteilungen zur endgültigen Verarbeitung ausgehändigt.

Neben dem eigentlichen Möbeltransport hat die Abteilung noch das Möbellager zu verwalten. Zur Unterbringung der einzelnen Stücke sind besonders luftige und trockene Räume auszuwählen, um Beschädigungen an den Möbeln zu vermeiden. Bevor diese jedoch zur Einlagerung kommen, ist vom Spediteur darauf zu dringen, daß der Kunde eine gründliche Reinigung der einzelnen Stücke vornimmt, um der Gefahr des Mottenfraßes vorzubeugen. Da jedoch der Spediteur bei lässigen Kunden Gefahr läuft, daß die Säuberung gar nicht oder nur unvollständig geschieht, und da bei Einschleppung von Motten auch die Möbel anderer in Mitleidenschaft gezogen werden, zumal die verschiedenen Eigentümern gehörenden Gegenstände auf dem Speicher nur durch verstellbare Holzgitter getrennt werden, liegt es im Interesse des Spediteurs und seiner Kundschaft, wenn er selbst alle zur Aufnahme gelangenden Möbel einer fachmännischen Behandlung unterziehen würde.

Bei der Einlagerung ist eine genaue Aufstellung der einzelnen Möbelstücke (Lagerschein für Möbel, Form. 22) auszufertigen, von der

Lagerschein für Möbel.

(gedruckte Nr.) (Datum)

Speditionsbogen Nr.......

Herrn ....

in ....

Nachstehend aufgeführte Gegenstände zur Einlagerung empfangen zu haben, bescheinigt

(Unterschrift)

Tische	Stühle	Schränke	Teppiche	Bilder
	gepolstert			
	einfach			

(Nicht enthalten auf der für den Kunden bestimmten Ausfertigung).	
Eingelagert am:	Satz des Lagergeldes:
Ausgelagert am:	Besondere Gebühren:
Empfangender Beamter:	Erteilte Abrechnungen:

Form. 22.

ein Exemplar der Kunde erhält, während das andere von diesem unterschrieben dem Spediteur verbleibt. Diese Aufstellung wird von dem empfangenden Beamten gegengezeichnet und kann, in einem Hefter nach dem Alphabet gesammelt, gleichzeitig als Lagerbuch dienen. Werden die Möbel wieder ausgelagert, so geht der Lagerschein mit dem betreffenden Speditionsbogen zur Verrechnung und Kontrolle. Die Zwischenabrechnungen, die bei langer Lagerdauer an den Kunden erteilt werden, sind auf dem Möbellagerschein zu vermerken.

Die Berechnung der Lagerkosten setzt sich folgendermaßen zusammen:

1. Zunächst entsteht die Umfuhr. Handelt es sich um einzelne Möbelstücke, so tritt Berechnung nach dem gewöhnlichen Fuhrsatz ein. Sind jedoch ganze Wohnungseinrichtungen zu bewegen, so wird ein vollkommener Umzug in Rechnung gestellt.

2. Das Lagergeld wird berechnet nach Monaten und Quadratmetern. Eine Zugangserlaubnis zum Lager wird ebenfalls für den Kunden besonders in Ansatz gebracht, da der Spediteur jedesmal einen Angestellten zur Verfügung stellen muß.

Das Möbeltransportgeschäft weist im Vergleich zu den anderen Geschäftszweigen einige Eigentümlichkeiten auf, und zwar:

1. Der Möbeltransport ist in hohem Grade Vertrauenssache, weil die einzelnen Stücke für den Kunden nicht nur den Sachwert, sondern einen Liebhaberwert besitzen, so daß bei Beschädigungen ein gleichwertiger Ersatz nur schwer zu beschaffen ist.

2. Der Kundenkreis besteht aus Privatleuten, und zwar wird die Mehrzahl der Verhandlungen von den Ehefrauen geführt. Außerdem gehören die Kunden den verschiedensten sozialen Schichten an, so daß die Leitung der Möbeltransportabteilung eine besondere Anpassungsfähigkeit an die vielen großen und kleinen Wünsche der Kundschaft erfordert.

3. Die Geschäftsfälle drängen sich in normalen Zeiten hauptsächlich auf einige Termine im Jahre zusammen, so daß eine starke Arbeitshäufung entsteht, die im Verein mit der Abwicklung jedes einzelnen Falles ein gutes Dispositionsvermögen voraussetzt.

5. Die Lagerabteilung.

Ein weiterer Geschäftszweig, der sich regelmäßig mit einem Speditionsgroßunternehmen verbunden findet, ist das Lagergeschäft. Ihm obliegt es, Güter für eine bestimmte oder unbestimmte Zeit aufzubewahren und sie nach den Vorschriften des Einlagerers zu behandeln. Das Lager bildet einen neutralen Ruhepunkt in der Beförderung von Gütern. Versender und Empfänger lassen hier ihre Waren absetzen, bis weitere Verfügungen getroffen werden können.

Während man in den Seehäfen als Lagerobjekt in der Hauptsache Massengüter findet, die von hier an die binnenländischen Abnehmer verteilt werden, oder die aus dem Binnenlande kommend für den Überseetransport gesammelt werden, überwiegen in Köln die Stückgüter. Da die Massengüter vorzugsweise von der Schiffahrt befördert werden, so ergibt sich für Kölner Speditionsbetriebe von selbst eine Trennung zwischen Stück- und Massengut, und zwar derart, daß die letzte Gattung in Hafenschuppen zu Lager genommen werden, das von der Schiffahrtsabteilung verwaltet wird, während die Stückgüter vorwiegend in einem besonderen Lagerhaus untergebracht werden. Ganz rein ist die Scheidung jedoch nicht durchgeführt, da einerseits Stückgüter, die mit dem Schiff verfrachtet werden, ebenfalls ihr Lager im Hafen finden, und andererseits bei Platzmangel oder aus anderen Gründen, die durch die Aufbewahrungsart des Gutes bedingt werden, ein Austausch der Waren zwischen den Lagerhäusern stattfindet. Abgesehen von den Schiffsgütern scheiden noch die Möbel aus der Verwaltung des Hauptlagers aus, wie ich im vorigen Abschnitt geschildert habe, und außerdem die vom Betrieb gemieteten Bahnläger, welche die Güter nur kurze Zeit von der Anfuhr zum Bahnhof bis zur Verladung in den Waggon oder umgekehrt aufnehmen. Da im Hauptgebäude neben dem Dauerlager auch das Versandlager untergebracht ist, von dem die einzelnen Güter den Verladestellen oder Abnehmern zugeleitet werden, ist es mit dem Fuhrpark örtlich zu vereinigen, um unnötige Fahrten und damit Zeit und Geld zu sparen. Außerdem ist das Lagerhaus nach Möglichkeit so zu legen, daß es einen Gleisanschluß erhalten kann, um die Abfertigung von Waggonladungen ohne weitere Umfuhr dort vornehmen zu können.

Das Lagerhaus selbst ist ein mehrstöckiges Gebäude, in dem Fahrstühle die Transporte zu den einzelnen Stockwerken vermitteln. Eingebaute Wagen ermöglichen eine leichte Prüfung des Gutgewichtes bei Ein- und Ausgang. Die Aufteilung sämtlicher zum Lagerhaus strömenden Güter geschieht zunächst nach dem Gesichtspunkte der Lagerdauer. Das Erdgeschoß, das mit der Laderampe in einer Höhe liegt, wird man selbstverständlich für die Güter bestimmen, deren Aufenthalt von vornherein nach Tagen bemessen ist. Man kann dieses vielleicht treffend als Versandlager bezeichnen. Der leitende Gesichtpunkt bei der Aufbewahrung der Güter ist hier das Ziel. Zunächst sind für die Orte, nach denen ein regelmäßiger Sammelverkehr unterhalten wird, feste Plätze mit Bezeichnung der Stationen vorgesehen. Hieran schließt sich das Stückgutlager, wo die mit der Bahn ausgehenden Stückgutsendungen aufbewahrt werden, und zwar getrennt nach Fracht-, Eil- und Expreßgut. Endlich befindet sich noch eine Abteilung dort, die für Stadtgüter bestimmt ist und zwar getrennt nach denen für

Selbstabholer und solchen, die mit der Fuhre zugestellt werden. Alle diese Lagerplätze des Erdgeschosses erhalten ihre Nummern oder Buchstabenbezeichnung, die in den Lagerbüchern und Scheinen als Standort eingetragen werden.

Die Aufteilung der Güter auf das Dauerlager geht im allgemeinen nach der Beschaffenheit und Empfindlichkeit des Gutes vor sich. Einige Waren sind besonders unempfindlich gegen die Einflüsse des Unterbringungsraumes. Andere dagegen verlangen wieder besonders kühle und luftige Aufbewahrung. Ausschlaggebend sind ferner die Einflüsse, welche die Güter gegenseitig aufeinander ausüben durch Geruch usw. Für die Auswahl des Lagerplatzes ist ferner die Häufigkeit seiner Benutzung durch denselben Kunden maßgebend; so haben z. B. Handels- und Industrieunternehmungen, die selbst keine eigene Niederlage besitzen, aber trotzdem ein dauerndes Lager unterhalten müssen, ihren fest zugeteilten Aufbewahrungsplatz.

Die Verwaltung des Lagerhauses, sowohl des Versandlagers, das vom ganzen Betrieb benutzt wird, als auch des Dauerlagers, das der

Lagerbuch des Lagermeisters.

Eingang				Ausgang					
Datum	lfd. Nr. der Unterlage	Sped.-Bg. Nr.	einlagernde Abteilung	Datum	lfd. Nr. der Unterlage	Sped.-Bg. Nr.	abrufende Abteilung	Quittung des Empfängers	

Form. 23.

Lagerabteilung untersteht, wird von einem Lagermeister ausgeübt. Seine Aufgabe ist die Vereinnahmung und Ausgabe des Gutes, die Überwachung des Verwiegens und Umpackens und die Anweisung des erforderlichen Platzes. Ebenfalls übernimmt er die Abfertigung von Wagenladungen, soweit sie unmittelbar vor das Lager gerollt werden. Er hat ferner die nötigen Angaben über die Beschaffenheit der Ware und deren Lagerort auf dem Fuhr- und Auslieferungs- sowie Lagerschein vorzunehmen und führt über den Güterverkehr Bücher (Form. 23), die später von der Kontrollabteilung an Hand von Unterlagen abgestimmt werden. Die Bücher sind getrennt nach Dauer- und Versandlager und verzeichnen lediglich das Datum des Ein- bzw. des Ausgangs, Nummer des Scheins und des Speditionsfalles.

Der Geschäftsverkehr für das Dauerlager ist der Lagerabteilung übertragen. Tritt ein Kunde an die Abteilung heran, so wird ihm ein Satz angeboten, zu dem das Gut eingelagert wird. Der Satz setzt sich zusammen aus dem Gewichts- oder bei sperrigen Gütern aus dem Raummaß und der Lagerzeit, die nach Monaten berechnet wird. Hierzu kommen ferner die Kosten für das Auf- und Vomlagernehmen, die in Köln tariflich festgesetzt sind, außerdem etwa entstandenes Rollgeld, Fracht und sonstige Kosten für die Warenbehandlung. Auf Antrag wird ebenfalls die Versicherung gedeckt.

Festen Kunden, die ein Dispositionslager unterhalten, wird oft ein Satz für einen bestimmten ihnen zur Verfügung stehenden Raum in Anrechnung gebracht, wobei die Kosten für Ein- und Auslagern im allgemeinen mit inbegriffen sind. Die Eingangsfracht fällt hier in der

Das Lager-

Speditionsbogen Nr.	Absender	Ort	Warenbeschreibung					Frankatur-Vermerk	Einlagerung	
			Zeich. u. Nr.	Zahl	Art	Inhalt	Gewicht		Datum	Ort

Form.

Regel fort, da die Kunden ihre Waren waggonweise franko senden. Die Ausgangsfracht und das Rollgeld richten sich selbstverständlich nach dem Ziel der Teilsendungen.

Trifft ein Gut ein, so wird erforderlichenfalls ein Fuhrschein ausgeschrieben, bei Waggonladungen wird eine Entladeliste ausgestellt, wie sie aus dem Sammelverkehr bekannt ist. Die Papiere gelangen entweder zur Fuhrabteilung, zum Bahnexpedienten oder Lagermeister, der die Kontrolle der ankommenden Sendung und die Zuweisung des Lagerraumes vornimmt, sowie entsprechende Vermerke über Empfang und Lagerort auf den Begleitpapieren einträgt. Diese werden sodann der Lagerabteilung zurückgereicht, die nach ihnen die Eintragung in das Lagerbuch (Form. 24) vornimmt. Dieses besteht aus losen Blättern, auf denen die Aufträge in alphabetischer Reihenfolge nach den Einlagerern eingetragen werden. Ist der Verkehr mit festen Kunden besonders stark, so kann man leicht für diese ein besonderes Buch einrichten.

Nach Durchführung dieser Arbeiten wird die erste Nota an den Kunden übersandt. Der Speditionsbogen wird hierzu mit sämtlichen Papieren den Verwaltungsabteilungen übergeben. Die Schlußabrechnung über das Lagergeld erhält der Kunde bei Abrufung des Gutes. Unterhält eine fremde Firma ein Dispositionslager, so wird meistens über vorher vereinbarte Perioden, monatlich oder vierteljährlich, eine Rechnung erteilt. Die Lagerabteilung stellt die einzelnen Posten zusammen und übergibt den Speditionsbogen gleichfalls den Verwaltungsabteilungen zur weiteren Erledigung.

Ein Lagerschein wird im allgemeinen nur auf Verlangen des Einlagerers ausgestellt. Handelt es sich um eine Unternehmung, die staatliche Konzession zur Ausstellung solcher Lagerscheine besitzt, so kann dieser an Order gestellt werden und ist ein Wertpapier mit Transport-

buch.

erteilte Abrechnung	Auslagerung			Empfänger	Ort	Warenbeschreibung					Frankatur-Vermerk
	Dat.	Sped.-Bogen Nr.	Nr. des Versandes			Zeich. u. Nr.	Zahl	Art	Inhalt	Gewicht	

24.

funktion, d. h. der Lagerschein vertritt die Ware selbst. Er erleichtert dem Einlagerer einerseits die Lombardierung der Ware bei einer Bank und anderseits die Eigentumsübertragung beim Verkauf. Anders jedoch dagegen ist es mit dem Lagerschein einer nicht staatlich konzessionierten Unternehmung. Er ist entweder auf den Namen oder Inhaber ausgestellt und bildet lediglich eine Quittung des Lagerhalters. Eine An-Order-Stellung ist hier nicht zulässig und daher wirkungslos.

Beim Ausgang von Sendungen läuft zunächst ein Ablieferungsauftrag bei der Lagerabteilung ein. Wird die Sendung mit der Fuhre zugerollt, so ist ein Fuhrschein und Stadtfrachtbrief auszustellen. Der Lagermeister, der auf Grund des Fuhrscheins die Güter verabfolgt, läßt sich vom Fuhrmann eine Quittung in seinem Lagerbuch geben. Selbstabholern wird eine Benachrichtigung (Form. 14) zugestellt. Gegen Zahlung etwaiger Kosten erhalten sie hier den von der Lagerabteilung ausgestellten Auslieferungsschein, auf Grund dessen sie das Gut vom Lagermeister empfangen können.

Den Weiterversand von Waren, die als Stückgut zur Auflieferung kommen, regelt die Abteilung selbst, dagegen werden solche Güter, die mit dem Schiff oder Sammelwagen zur Verladung kommen, den betreffenden Abteilungen überwiesen. Die zugehörigen Speditionsbogen werden nach erfolgter Ausfüllung den in Frage kommenden Speditions- oder Verwaltungsabteilungen übergeben.

Zur Vereinfachung und besseren Übersicht in der Abrechnung mit festen Kunden, die ein Dispositionslager unterhalten und meistens die gesamten Kosten frei Haus Empfänger tragen, empfiehlt sich die Einrichtung von vorgedruckten Versandaufgaben, (Form. 25), welche der

Die Versandaufgabe.

Empfänger	Ort	Warenbeschreibung					Beförderungsmittel	Frankatur-Vermerk
		Zeich. u. Nr.	Zahl	Art	Inhalt	Gewicht		

Form. 25.

Spediteur gegebenenfalls seinem Kunden zur Verfügung stellt. Dieser schreibt bei einem Auftrag 3 Exemplare aus, die mit der gleichen Nummer zu versehen sind, und sendet zwei der Lagerabteilung ein, während er selber eine Ausfertigung als Unterlage zurückhält. Nachdem der Auftrag ausgeführt ist, rechnet die Lagerabteilung auf beiden Scheinen ab, stellt einen dem Kunden wieder zu und bewahrt den dritten in einer den Namen des Kunden tragenden Mappe auf. Diese Versandaufgabe wird also nicht mit dem Speditionsbogen weitergegeben, sondern verbleibt der Abteilung, die sich auf diese Weise eine Übersicht über die mit einem Kunden erledigten Geschäfte schafft, so daß etwa vorkommende Unstimmigkeiten leicht geklärt werden können.

γ) Die übrigen Erwerbsabteilungen.

1. Die Versicherungsabteilung.

Auf das engste mit dem Speditionsgewerbe verknüpft ist der Abschluß von Versicherungen, und zwar kann es sich hier entweder um die Versicherung gegen Transport- oder Lagergefahren handeln. Je nach der Größe des Speditionsgeschäftes findet man eine mehr oder weniger starke Vereinigung mit einem Versicherungsunternehmen.

Die einfachste Form wird dadurch dargestellt, daß der Spediteur die gelegentlich einlaufenden Versicherungsaufträge weitergibt, und er hierfür eine Provision erhält. Diese Art findet sich jedoch nicht oft, da sie nur einen geringen Geschäftsverkehr voraussetzt.

Eine zweite Form besteht darin, daß der Spediteur für das Lager, die See- und Binnentransporte eine Generalpolice besitzt. Hierzu bedarf es einer genauen Feststellung der durchschnittlich in Frage kommenden Werte. An Hand des Lagerbuches läßt sich z. B. ermitteln, wie groß der Durchschnittswert der lagernden Güter ist. Diese Summe wird vom Spediteur versichert. Er übernimmt dann von seinen Kunden die Versicherungen der Waren. Da eine große Summe auf lange Zeit abgeschlossen sich billiger stellt als kleine auf kurze Zeit, so ergibt sich für ihn hier ein Nutzen, wenn er dem Kunden die Sätze berechnet, die von den Versicherungsunternehmungen für kleine kurzfristige Summen erhoben werden. Um selbst einen Überblick über die Inanspruchnahme der Generalpolice zu haben, ist es erforderlich, eine genaue Aufzeichnung der übernommenen kleinen Aufträge vorzunehmen. Dem Spediteur steht es dann bei Überschreitung der Generalsumme frei, entweder den überschießenden Betrag auf eigenes Risiko zu nehmen und die ganze Prämie hierfür einzubehalten oder aber nachzuversichern. Wird die von ihm versicherte feste Summe nicht in voller Höhe in Anspruch genommen, so ist es möglich, daß sich entweder gar kein Gewinn ergibt oder sogar ein Verlust entsteht. Da diese Art der Versicherungsübernahme von sehr unsicheren Faktoren wie Schätzung der Generalsumme und ihre Ausnützung durch die Kundschaft abhängt, außerdem noch eine ständige Überwachung der übernommenen Teilversicherungen erforderlich ist, ist sie nicht sehr empfehlenswert.

Die dritte und beste Form ist die, daß der Spediteur Abschlußagent einer Versicherungsgesellschaft wird. Für diese liegt hierin ein großer Vorteil, da sie hierdurch an eine Stelle gelangt, wo die Güter massenweise zusammenströmen und der Anreiz zum Abschluß einer Versicherung am größten ist. Der Spediteur, der seine Haftung auf eine geringe Summe für das Kilo beschränkt tritt stets schon im eigenen Interesse an seine Kunden wegen Abschluß einer Versicherung heran. Da der Spediteur die gleiche Prämie berechnet, die der einzelne Versender oder Einlagerer bei einer Versicherungsanstalt zu zahlen hat, so wird man ihm um so lieber den Abschluß überlassen, als man dann selbst allen Weiterungen aus dem Wege geht und Arbeit spart. Als Abschlußagent, was namentlich bei großen Speditionsunternehmungen die Regel sein dürfte, hat der Spediteur seinen Verdienst in Gestalt einer vereinbarten Provision, die er für jeden Abschluß erhält. Er schafft sich hierdurch eine Einnahmequelle, die kein Risiko für ihn birgt, außerdem wird er selbst eine höhere Provision beziehen, als wenn er nur gelegentlich Aufträge wie im Falle 1 bringt. Daneben bleibt es ihm auch hier unbenommen, kleinere Sendungen auf eigene Gefahr zu übernehmen. Da dieser dritte Fall derjenige ist, der für Großunternehmungen typisch ist, so sei seine Organisation im folgenden behandelt.

Die Vermittlung des Verkehrs zwischen der einzelnen Speditionsabteilung und der Versicherungsgesellschaft übernimmt eine Versicherungsabteilung. Das in Frage kommende Gebiet setzt sich im allgemeinen zusammen aus der Versicherung für:

1. Lagergüter gegen Feuer, Einbruch, Diebstahl.
2. Landtransporte, unterschieden nach In- und Ausland, das nach der Verkehrssicherheit abgestuft ist.
3. Kahntransporte.
4. Überseetransporte.
5. Gegenstände, die beim Transport durch leichte Zerbrechlichkeit, hohen Wert usw. besonders gefährdet sind.

Der Versicherungsantrag.

Speditionsbogen Nr. (fortlfd., gedruckte Nr.)

Datum	Antragsteller	Gegenstand	Wert	Versicherungsart	Laufzeit	
					vom	bis

Eintragungsdatum:	Buch:	Folio:

Form. 26.

Alle diese Fälle sind in Tarifen zusammengefaßt, aus denen die Versicherungsabteilung leicht die zu berechnenden Prämien ersehen kann.

Was die Abwicklung im innern Verkehr des Speditionsbetriebes anbetrifft, so wird sie stark abhängig sein einerseits von der Abrechnungsart, die das Versicherungsunternehmen vorschreibt, und andererseits von dem Umstand, ob eine Police ausgeschrieben wird, was namentlich bei kleineren Beträgen nicht stets der Fall sein wird.

Da die Aufträge von der Kundschaft bei den einzelnen Speditionsabteilungen einlaufen, so schreiben diese einen Antrag (Form. 26) aus, der in einem Zettelbuch zu zwei Exemplaren mit fortlaufenden Nummern versehen enthalten ist. Alle Ausfertigungen gelangen zur Versicherungsabteilung, die den Prämiensatz auswirft. Je nachdem, ob das Unternehmen alle Versicherungsfälle an eine Gesellschaft weitergibt oder kleinere Beträge auf eigene Gefahr übernimmt, ist ein Versicherungsbuch (Form. 27) für die eigenen und eins für die an die Versiche-

Das Versicherungsbuch.

Datum		Sped.-Bogen Nr.	fortlaufende Nr.	Prämie	Versicherter Betrag	Laufzeit
Monat	Tag					

Form. 27.

rungsgesellschaften weiterzugebenden Aufträge einzurichten. Nachdem der Versicherungsfall hier verbucht worden ist und einen entsprechenden Vermerk erhalten hat, gelangt eine Ausfertigung mit Police gegen Nummernquittung an die Speditionsabteilung zurück. Diese berechnet die Prämie dem Kunden im Speditionsbogen weiter und legt den Antragszettel bei. Der Versicherungsschein (Police) wird den Transportpapieren beigegeben oder gelangt per Post gesondert an den Auftraggeber. Das zweite Formular endlich wird mit der Versicherungsgesellschaft abgerechnet oder im Fall der eigenen Gefahrübernahme in der Versicherungsabteilung aufbewahrt.

Durch die Führung der beiden Versicherungsjournale wird es ermöglicht, am Ende eines Jahres festzustellen, welcher Gewinn auf die Vermittlungsprozente und welcher auf die eigenen Übernahmen unter Abzug etwaiger Schadensfälle entfällt.

2. Die Verzollungsabteilung.

Ein weiterer wichtiger Zweig des Speditionsgeschäftes, der unmittelbar mit dem Güterverkehr zusammenhängt, ist die Übernahme der Verzollung von ein- und ausgehenden Gütern. Die Aufgabe, die hier dem Spediteur zufällt, ist doppelter Natur.

Einmal ist es heute für jeden Versender, der nicht ständig Verzollungen zu bearbeiten hat, sehr schwierig, die fremden Tarife zu beherrschen, da die meisten Länder mit dem Ausbau eines neuen Zollsystems beschäftigt sind. Die Unkenntnis der neuen Tarife kann sowohl dem deutschen Versender, wie dem ausländischen Empfänger wirtschaftliche Nachteile schwerster Art bereiten, sei es, daß die Ware durch falsche Deklaration zu hoch verzollt oder durch die betreffenden Zollbehörden angehalten oder sogar beschlagnahmt wird. Solange die Entwicklung der neuen Zollsätze noch nicht abgeschlossen ist, wird der Kunde die Hilfe des Spediteurs im erhöhten Maße in Anspruch nehmen müssen. Damit das Speditionsunternehmen den Versender gut beraten kann, empfiehlt es sich für größere Betriebe, eine Abteilung zu schaffen, welche die amtlichen Veröffentlichungen über neue Zollsätze des Auslandes sammelt. Die Verarbeitung hat nach Ländern zu geschehen, und diese sind wiederum unterzuteilen nach den einzelnen Waren. Da hier alle Spediteure das gleiche Interesse haben, so würde es am zweckmäßigsten sein, wenn eine gemeinsame Zentrale sich mit dieser Aufgabe befaßte, und so für sämtliche deutschen Verkehrsunternehmungen wirken könnte. Dieses würde sich zweifellos am einfachsten dadurch lösen lassen, daß vielleicht das neu geschaffene Institut für Verkehrslehre in seiner Zeitschrift eine Sammlung und Veröffentlichung der wichtigsten neuen Zollbestimmungen vornähme, die vom Institut nach bestimmten Gesichtspunkten geordnet und gedruckt von der einzelnen Unternehmung leicht registriert und aufbewahrt werden könnten.

Eine zweite sehr wichtige Aufgabe des Spediteurs besteht in der Vornahme der Verzollung vom Ausland einkommender Sendungen für einen Empfänger. Die Abwicklung teilt sich hier nach Bahn- und Schiffstransporten. Die Verzollung sämtlicher Bahnsendungen, sei es Stückgut oder ganze Wagen, werden durch die betreffenden Expedienten an den einzelnen Bahnhöfen vorgenommen, soweit die Ware nicht Durchfuhrgut ist, das vom Zoll unter Verschluß genommen wird und beim Weiterversand wieder unter Zollaufsicht zur Verladung kommt. Soweit es sich um Waggonladungen handelt, die wieder nach Umladung ins Ausland rollen, werden sie in das im Hafengelände liegende Zollausschlußgebiet gefahren und kommen hier zur Entladung. Die Expedienten reichen die zu den Sendungen gehörenden Frachtbriefe mit den erforderlichen Zollpapieren ein und erhalten nach Begleichung der fälligen Summe die Güter ausgehändigt.

Das Zollausschlußgebiet oder „Freihafen" ist ein Teil des Hafens, der durch ein vom Zoll errichtetes Gitter abgetrennt ist. Hier löschen alle aus dem Ausland einlaufenden Dampfer und Kähne. Ebenso kommen hier Waggons zur Be- oder Entladung, die ausländisches Durchfuhrgut im Umschlagsverkehr mit der Schiffahrt aufnehmen oder abgeben oder deren Güter in andere ins Ausland gehende Durchfuhrwagen umgeladen werden.

Läuft ein Schiff mit Stückgütern ein, so wird von den Hafenbehörden sofort mit der Löschung begonnen. Der Spediteur, der auf das eingelöste Konnossement oder den Ladeschein einen Abfolgeschein erhalten hat, legt diesen mit den Zollpapieren vor und erhält nach Begleichung der Zollsumme die Güter ausgeliefert. Besteht jedoch für die Waren die Wahrscheinlichkeit der Wiederausfuhr, oder will ein Empfänger aus anderen Gründen eine sofortige Verzollung nicht vornehmen, so können die Güter in die städtische Zollniederlage abgesetzt werden, die von einem großen und modern eingerichteten Lagerhaus gebildet wird. Für die Einlieferung der Güter in diese Niederlage oder für die Wiederausgabe bedarf es der Ausschreibung besonderer von der Stadt vorgeschriebener Formulare. Um einerseits diesen Weitläufigkeiten zu entgehen und andererseits aus irgendwelchen Gründen die Möglichkeit zu besitzen, das Gut selbst verwahren zu können, gehen größere Verkehrsanstalten und Spediteure dazu über, sich außer ihren im Zollinlandgebiet des Hafens liegenden und der Stadt abgemieteten Schuppen eigene Gebäude im Zollausschluß zu errichten.

Anders dagegen gestaltet sich die Abwicklung, wenn die ganze Schiffsladung oder ein erheblicher Teil, vor allem Massengüter, für einen Spediteur bestimmt sind. Hier ist es möglich, den Kahn an den eigenen Schuppen zu verholen, selbst wenn das Lager nicht im Freihafen liegt. Ein Zollbeamter überwacht dann die Löschung; die Verrechnung kann ebenso stattfinden, wie bei den Stückgütern. Werden die Sendungen aus dem Freigebiet abgefahren, so ist der Fuhrmann mit den abgestempelten Zollpapieren zu versehen, mit denen er sich beim Verlassen des Zollausschlußgebietes vor den Torwachen auszuweisen hat. Neben dieser Möglichkeit, die Güter vor der Ausfuhr aus dem Freihafen zu verzollen, besteht noch eine andere, und zwar werden hier die Güter unverzollt auf die Inlandläger der betreffenden Empfänger, in unserem Falle auf die des Spediteurs, gebracht. Die Verzollung kann hier wieder auf zwei verschiedene Arten vorgenommen werden.

Entweder besitzt der Spediteur in seinem Hafenschuppen besondere Räume, die unter Mitverschluß des Zolles stehen, so daß der Spediteur allein keinen Zutritt zu seinem Lager hat, sondern nur in Begleitung von Zollbeamten, welche die Waren nur gegen die erforderlichen Zollpapiere herausgeben. Diese Art hat den Nachteil, daß der Spediteur von einem Zollbeamten abhängig ist, und daß er bei starkem Verkehr einen besonderen Beamten allein für sein Lager anstellen muß, was naturgemäß mit Kosten verknüpft ist.

Die zweite Art besteht in dem Lager ohne zollamtlichen Mitverschluß. Sämtliche Waren, die aus dem Freihafengebiet auf das Zollinlandlager überführt werden, verbucht das Zollamt auf einem „fortlaufenden Zollkonto“, das nach den Inhabern zergliedert ist. Nach Ablauf eines vereinbarten Zeitraumes erfolgt durch das Zollamt eine Bestandsaufnahme. Da das Konto nur die zu Lager genommenen Güter, aber nicht die wieder abgerollten verzeichnet, so ergibt sich eine Differenz, welche die zollpflichtige Gütermasse darstellt. Der Unterschied umfaßt jedoch nicht nur die Mengenverminderung, die durch Weitertransport entsteht, sondern auch diejenige, die durch Diebstahl oder Eintrocknen hervorgerufen wird. Der Vorteil, den das „fortlaufende Zollkonto" bietet, besteht darin, daß der Empfänger seine Waren nach freiem Ermessen lagern oder versenden kann und der Zoll nicht beim Weiterversand der Ware, sondern erst im Zeitpunkt der Kontoabrechnung erhoben wird. In diesem Falle gewährt also das Zollamt der betreffenden Firma einen Kredit, und damit komme ich auf den Zollkredit im allgemeinen.

Durch die Verschlechterung unseres Geldes und durch die Erhöhung der Zolltarife entstehen heute für einzelne Sendungen Sätze, deren Höhe der Importeur entweder gar nicht oder nur mit großen Mühen unmittelbar bei der Ankunft der Ware zahlen könnte. Um diese Schwierigkeiten zu umgehen, hat der Zoll die Einrichtung des Zollaufschubs getroffen. Jede Firma, die regelmäßig Auslandstransporte empfängt, kann sich ein Konto errichten lassen, auf dem ihr bis zu einer vereinbarten Höchstsumme, die stets voll durch Hinterlegung von Sicherheiten gedeckt sein muß, die fälligen Zollbeträge gestundet werden können.

Ein derartiges Konto kann von jeder Zollstelle, sei es im Hafen oder an der Bahn, eröffnet werden. Während früher der Zoll ein einziges Konto für sämtliche Abfertigungen errichtete und hierdurch eine Zentralisierung der Abrechnung schaffte, ist er später wieder zur Dezentralisation übergegangen, so daß bei jeder Zollstelle, die für die Stundung in Frage kommt, ein besonderes Konto zu errichten ist und Sicherheiten zu hinterlegen sind. Wenn das letzte System vielleicht für den Kaufmann, der entweder regelmäßig mit der Bahn oder mit dem Schiff empfängt, seinen Vorteil haben mag, so ist es für den Spediteur nicht sehr geeignet. Da die Inanspruchnahme der einzelnen Konten von seiten des Spediteurs starken Schwankungen unterworfen ist, so wird er häufig gezwungen sein, die hinterlegten Werte neu zu verteilen, wenn er nicht von vornherein über die durchschnittliche Beanspruchung weit hinausgehende Sicherheiten stellen will, was naturgemäß wieder zu einer Erhöhung der Kosten führen muß. Da selbstverständlich die Speditionsunternehmungen zur Gegenbuchführung über die einzelnen Zollposten gezwungen sind, würde die Zollbehörde das Risiko der Zollhinterziehung durch den Spediteur nicht laufen, zumal wenn auf die Überschreitung des Kredites schwere Strafen wie Sperrung usw. erfolgen, was für den Spediteur gleichbedeutend mit der Lahmlegung von Auslandstransporten wäre.

Geradeso wie der Spediteur im Sammel- und Schiffsverkehr dem Auftraggeber Frachtvorteile gewährt, die sich dieser allein nicht verschaffen kann, so schaltet er sich bei der Verzollung ein und bringt hierdurch jeden anderen Empfänger in den Genuß des Zollkredites. Allerdings wird hier die Kreditwürdigkeit des Kunden von ausschlaggebender Bedeutung sein.

Jedoch nicht nur der Kunde, sondern auch die Zollbehörde findet ihren Vorteil in dem Kreditsystem. Der Spediteur bildet eine Sammelstelle für viele Verzollungsfälle, die ohne seine Vermittlung durch die zahlreichen Empfänger selbst mit dem Zoll abgerechnet werden müssen. Da nur die wenigsten von ihnen sich selbst ein Konto eröffnen lassen würden, so würde der Kassenverkehr des Zollamtes eine starke Steigerung erfahren. Außerdem ist hier noch zu erwähnen, daß sich der Verkehr der Zollbehörde mit dem Publikum nicht so glatt abwickeln kann wie mit einem Spediteur, der einen Angestellten ständig mit der Erledigung dieser Geschäfte betraut hat.

Die Technik der Abrechnung bietet keine Schwierigkeiten. Hat irgend eine Speditionsabteilung eine Sendung zu verzollen, so schreibt sie einen Verzollungsantrag (Form. 28) in doppelter Ausfertigung aus.

Antrag zur Ausfertigung von Stundungsanerkenntnissen.

Ausstellende Abteilung: gedr., fortlfd. Nr: .....

Datum		Speditionsbogen Nr.	Zollstelle	Zeichen und Nr.	Zahl	Art	Inhalt	Gewicht	Betrag	Nr. des Anerkenntnisses
Monat	Tag									

Form. 28.

Der eine Antrag verbleibt der Abteilung in dem Zettelblock, der andere gelangt zur Zollabteilung und dient hier als Unterlage für die Ausstellung des von der Zollbehörde vorgeschriebenen Stundungsanerkenntnisses. Die Abteilung trägt das Anerkenntnis, das nach den Abfertigungsstellen zu bezeichnen ist, mit den wichtigsten Daten in ein Zollstundungsbuch (Form. 29) ein, und zwar so, daß eine Übersicht der gestundeten Beträge, getrennt nach den einzelnen Verrechnungsstellen, ermöglicht wird. Durch dieses Buch erhält das Anerkenntnis seine Kennummer. Dieses wird nunmehr einem Expedienten übergeben, der es gegen die abgestempelten Papiere dem Zoll ausliefert. Die Anerkenntnisse werden vom Zoll bis zum 25. eines jeden Monats gesammelt, an welchem

Das Zollstundungsbuch.

Zollstelle: ....

fortlauf. Nr.	Datum		Sped.-Bogen Nr.	Antrag		Zollbetrag	Hauptanerk.	Zahlung
	Monat	Tg.		Abt.	Nr.			

Form. 29.

Termin sie mit der betreffenden Firma gegen ein Hauptstundungsanerkenntnis getauscht werden, das über die Summe aller in dem laufenden Monat vorgenommenen Verzollungen lautet. Das Hauptanerkenntnis ist dann spätestens am 25. des dritten Monats einzulösen, so daß jeder Zollbetrag, abgesehen vom Entstehungsmonat, erst nach einem vollen Vierteljahr zur Begleichung kommt.

Der Zollbetrag, der für die Kunden auf die einzelnen Sendungen verauslagt worden ist, wird von der in Frage kommenden Speditionsabteilung im Speditionsbogen eingesetzt und kommt dadurch zur Abrechnung mit dem Kunden. Für die Verauslagung des Zolles berechnet sich der Spediteur eine Provision, die nach der Höhe der Zollsumme und der Kreditwürdigkeit des Kunden schwankt, jedoch im Durchschnitt etwa 2% beträgt. Die bei der Durchführung des Auftrags dem Spediteur entstandenen Unkosten, wie Vorführung der Ware beim Zoll usw. werden ebenfalls in der Nota des Speditionsbogens ausgeworfen. Die Tatsache der Inrechnungstellung des verauslagten Betrages, sowie der Provision prüft die Kontrolle auf Grund des Antrages, der ihr von der Zollabteilung zugestellt wird.

3. Die abteilungslosen Geschäfte.

a) Das Inkasso.

Als Schluß meiner Ausführungen über die Erwerbsabteilungen des Spediteurs bleibt mir nur noch ein Hinweis auf zwei Arten von Geschäften über, die von jeder Abteilung vorgenommen und restlos abgewickelt werden, so daß sie als selbständige abteilungsbildende Faktoren nicht in Betracht kommen. Dieses sind das Inkassogeschäft und die Vermittlung von Speditionsaufträgen.

Das Inkassogeschäft besteht darin, daß der Spediteur eine vom Versender auf das Gut gelegte Nachnahme einzieht. Derartige Aufträge werden ebenfalls von der Eisenbahn und den Reedereien übernommen. Da die Eisenbahnen sich für den Einzug der Provision 2% von der Nachnahmesumme berechnen, so ist es allmählich auch im Speditions- und Schiffahrtsgewerbe üblich geworden, eine Vergütung für die Erhebung der Nachnahme zu beanspruchen, die vom Spediteur ebenfalls auf 2%, von Schiffahrtsunternehmen dagegen häufig etwas höher, und zwar auf $2\frac{1}{2}$% festgelegt ist. Da der Absender- und Empfangsspediteur gemeinsam an dem Einzug und der Übermittlung der Nachnahme beteiligt sind, wird die vom Absender dem Versender berechnete Provision zwischen den beiden Spediteuren geteilt.

Die Technik der Verrechnung gestaltet sich sehr einfach. Tritt ein Versender an einen Spediteur mit einer Nachnahmesendung heran, so bringt dieser das Gut ohne Nachnahme zur Auflieferung bei den Verkehrsanstalten. Er benachrichtigt hierauf den Empfangsspediteur von der Versendung und der Nachnahmebelastung. Dieser erhebt die betreffende Summe bei Übergabe des Gutes vom Empfänger und überweist sie unter Abzug seiner Spesen, in denen sich die Hälfte des Provisionssatzes mit 1% befindet. Der Absender zahlt nunmehr die Summe an den Versender aus, nachdem er die gesamten Unkosten des Empfangsspediteurs, vermehrt um seine Spesen, abgezogen hat, in denen wiederum 1% von der Nachnahmesumme enthalten ist. Auf diese Weise hat der Versender nur eine Provision von 2% zu tragen, die er auch dann zu zahlen gehabt hätte, wenn er das Gut bei den Verkehrsanstalten selbst aufgeliefert hätte.

Provisionspflichtig sind jedoch nur die Nachnahmen des Versenders, nicht etwa die vom Empfangsspediteur einzuziehenden Unkosten des Absenders bei unfrankierten Sendungen oder bei der Erhebung von Übernahmesätzen, die der Empfänger mit dem Absender vereinbart hat. Die Berechnung einer Provision zwischen Spediteuren für den Einzug ihrer Unkosten würde ungerechtfertigt sein, da einmal der Empfangsspediteur durch die Überweisung der Sendung einen wirtschaftlichen Vorteil von dem Absender zugewandt erhält, und außerdem in einem andern Falle der Empfangsspediteur der Absender ist, der nunmehr seinerseits diese Unkosten zu tragen hätte.

b) Die Vermittlung von Speditionsaufträgen.

Die Vermittlung von Speditionsaufträgen tritt dann ein, wenn ein Kunde einen Auftrag zu vergeben hat, dessen Abgangs- und Empfangsort nicht mit dem Wohnort des Kunden und des von ihm beauftragten Spediteurs zusammenfällt, wenn also z. B. eine Kölner Firma ein Kölner Speditionsunternehmen beauftragt, eine Sendung von Berlin nach Elberfeld zu befördern.

Hat der Spediteur eigene Häuser an einem von diesen Plätzen, so erfolgt lediglich die Überweisung an eins von diesen. Das gleiche Verfahren greift bei Interessengemeinschaften mit den in Frage kommenden auswärtigen Häusern Platz, da die Übernahmebedingungen der Spediteure untereinander in diesem Falle in der Regel in großen Zügen durch Verträge festgelegt sind.

Besteht jedoch keine derartige Verbindung mit einem dieser Orte, so wird sich das Kölner Haus Offerten einholen und danach die Zuweisung vornehmen.

Die endgültige Abrechnung mit dem Kunden erfolgt stets durch den Kölner Spediteur. Der Vorteil für den Kunden besteht darin, daß er sich mit einem Unternehmen seines Wohnortes in Verbindung setzen kann und nicht gezwungen ist, sich an gänzlich fremde in anderen Städten zu wenden. Da die Vorbedingung für derartige Geschäfte nur selten gegeben ist, so spielt die Vermittlung von Speditionsaufträgen im regelmäßigen Geschäftsverkehr nur eine geringe Rolle.

δ) Die Verwaltungsabteilungen.

Sind im vorigen Abschnitt die einzelnen Erwerbszweige eines Großspeditionsunternehmens dargestellt worden hinsichtlich ihrer Aufgabe und Organisation, so handelt es sich im folgenden darum, die für die Abwicklung der Geschäfte erforderlichen Hilfsarbeiten zu untersuchen und die Möglichkeit ihrer Einordnung in besondere Abteilungen festzustellen, die man im weitesten Sinne mit dem Namen Verwaltungsabteilungen bezeichnen kann. Als erste Abteilung käme hier die Zentrale in Frage, die jedoch bereits unter c *α* aus Gründen einer einheitlichen Entwicklung besprochen worden ist.

1. Die Korrespondenzabteilung.

Die Korrespondenz eines Speditionsbetriebes besteht bei dem normal verlaufenden Geschäftsfall in Benachrichtigungen an Kunden und Korrespondentspediteure. Da es sich hier immer wieder um die gleiche Art von Vorgängen handelt, so kann dieser Schriftverkehr fast ausschließlich durch Ausfüllung von Vordrucken erledigt werden.

Etwas anders dagegen verhält es sich, wenn schriftliche Verhandlungen über Offerten, Reklamationen oder sonstige Sonderarbeiten vorliegen. Da ein selbständiger Korrespondent von einer Abteilung im vollen Maße kaum auf die Dauer beschäftigt werden könnte, so müßte er für mehrere tätig sein. Dieses stößt aber insofern auf Schwierigkeiten, weil die Unterlagen hierfür sehr oft verwickelt sind und eine genaue Kenntnis der ganzen Vorgänge voraussetzen. Man kommt hier zweifellos besser zum Ziel, wenn der Leiter der betreffenden Speditionsabteilung oder bei besonders wichtigen Sachen der Unternehmer selbst die Briefe einer einfachen Schreibkraft diktiert, die billiger als ein selbständiger Korrespondent arbeitet.

Eine Ausnahme von dieser Erledigungsart macht die fremdsprachliche Korrespondenz. Diese wird im Vergleich zu dem deutschen Schriftverkehr einen geringeren Umfang aufweisen, sich außerdem auf die gleiche Art von Geschäftsvorfällen beziehen. Da ein Diktat hier sowohl Sprachkenntnisse des Leiters wie des Schreibers voraussetzt, so tritt keine Ersparung von Arbeitskraft ein, wenn die Schreiben vom Leiter verfaßt werden. Für den fremdsprachlichen Briefwechsel, der sich nur auf einige Abteilungen beschränkt, ist daher ein selbständiger Korrespondent das Gegebene. Da andere Aufgaben als die der Ausfertigung von Briefen nicht in Frage kommen, ist die Bildung einer selbständigen Korrespondenzabteilung abzulehnen.

2. Die Eisenbahn- und Reklamationsabteilung.

Eine besondere Abteilung, die Eisenbahn- und Reklamationsabteilung, übernimmt den gesamten Rechnungsverkehr, einschließlich der Reklamationen mit der Eisenbahn. Die Aufgaben, die sie zu erledigen hat, sind sehr mannigfaltig und setzen Fachkenntnisse in dem Tarif- wie Reklamationswesen der deutschen und ausländischen Eisenbahnen voraus. Das gesamte Arbeitsgebiet der Abteilung läßt sich in 4 Abschnitte teilen.

1. Die Kontrolle über alle ein- und ausgehenden Bahnsendungen.
2. Die Verrechnung von Frachten mit der Eisenbahn.
3. Die Prüfung der von der Bahn berechneten Frachtsätze und Auskunftserteilung bei Versendungen in bezug auf den zu wählenden Weg, die in Frage kommende Fracht usw.
4. Die Erledigung von Reklamationen bei Frachtdifferenzen, Beschädigungen oder Abhandenkommen von Gütern.

Die erste Aufgabe der Abteilung ist die Überwachung der mit der Bahn beförderten Frachtsendungen im Ein- und Ausgang. Für den Eingang erübrigt sich die Schaffung eines besonderen Hilfsmittels, da der Expedient sämtliche Frachtbriefe nur gegen Quittung bei der Bahn empfängt und sie wiederum gegen Quittung in den Betrieb gibt. Die Bahn fertigt außerdem Verrechnungskarten aus, auf denen eingehende Sendungen bezüglich Fracht- und Nachnahme abgerechnet werden. Da jede Speditionsabteilung, die ein Gut mit der Bahn erhalten hat, den Speditionsbogen mit dem eingelösten Frachtbrief durch die Eisenbahnabteilung laufen lassen muß, so sind nach den Frachtbriefen die Posten auf den Verrechnungskarten abzuhaken und ergeben so leicht eine gute Kontrolle. Gleichzeitig überzeugt sich die Abteilung davon, daß die verauslagte Fracht und die Nachnahmebeträge richtig in der Weiterberechnung im Speditionsbogen eingesetzt sind. Ist eine mit Fracht oder Nachnahme belastete Sendung in den Verrechnungskarten nicht aufgeführt, so ist eine Richtigstellung auf Grund des Frachtbriefes leicht möglich, während im umgekehrten Falle, bei dem ein Posten in den Verrechnungskarten aufgenommen ist, ohne daß dieses Gut eingegangen oder der Frachtbrief vorgelegt worden ist, an Hand des Quittungsbuches der Expedienten Nachforschungen in die Wege zu leiten sind. Nach Glattstellung des einzelnen Falles erfolgt ein Vermerk der Eisenbahnabteilung auf dem Speditionsbogen, aus dem die Kontrollabteilung die Richtigkeit der Abrechnung mit der Bahn ersehen kann.

Für den Ausgang liegt die Sache dagegen etwas anders. Allerdings soll das Frachtbriefduplikat nach Abfertigung wieder zum Hauptbüro zurückkehren, aber immerhin besteht die Gefahr, daß es verloren geht, oder daß die Bahn die Verrechnung von Fracht und Nachnahme übersieht. Um hier sicher zu gehen und vor allem eine zwangsläufige Erfassung der eingehenden Nachnahmen zu schaffen, ist für jede Güter-

Das Versandbuch.

Datum	fortlaufende Nr.	Sped.-Bogen Nr.	Bestimmungsstation	Frankaturvermerk	Nachnahme	Nr. der Nachnahmenachw.

Form. 30.

abfertigung zur Aufnahme sämtlicher Versendungen ein Versandbuch (Form. 30) anzulegen, dessen Führung nicht viel Mühe erfordert. Ist ein Frachtbrief in Original und Duplikat von einer Speditionsabteilung ausgeschrieben worden, so erfolgt seine Eintragung in dieses Buch. Die sich hieraus ergebende Positionsnummer wird auf das Duplikat gesetzt, so daß später sofort ersichtlich ist, daß die Sendung in den Abrechnungsverkehr aufgenommen worden ist. Sobald ein Gut zur Verfrachtung gekommen ist, gelangen die Frachtbriefduplikate wieder zu den Speditionsabteilungen zurück, die sie mit den Speditionsbogen der Eisenbahnabteilung übergeben. Die im Versandbuch eingetragenen Sendungen werden nach den Frachtbriefduplikaten abgehakt, so daß ein lückenloser Nachweis über sämtliche Versendungen entsteht. Gleichzeitig laufen von der Bahn die Frankatur- und Nachnahmenachweisungen ein, auf denen die entstandenen Frachten belastet und eingehende Nachnahmen gutgeschrieben worden sind. Die Nummern der Nachweisungen werden in das Versandbuch hinter die betreffenden Posten eingetragen, sodaß das Fehlen einer Verrechnung sofort zu erkennen ist.

Endlich hat sich die Abteilung noch davon zu überzeugen, daß die verauslagte Fracht in der Nota des Speditionsbogens ausgeworfen wurde. Die Eisenbahnabteilung setzt nunmehr auf den Kopf der Bogen ihren Erledigungsvermerk und gibt sie an die nächste Abteilung weiter, während die Frachtbriefe, gleichfalls mit einem Kontrollzeichen versehen, zurückgehalten werden.

Die zweite Art der zu leistenden Arbeit besteht in der Führung des Frachtstundungskontos. Um solchen Firmen, die häufig mit der Bahn verladen oder empfangen, die Möglichkeit zu geben, die entstandenen Frachten und Nachnahmen nicht jedesmal in bar ausgleichen zu müssen, hat die Eisenbahn einen Stundungsverkehr eingerichtet, der sich auf die Frachten, Nachnahmen und Nebengebühren bezieht.

Die Eisenbahn unterscheidet die eintägige und einmonatige Frachtstundung. Die eintägige zerfällt wiederum nach dem Mittel des Kontoausgleiches in die mit Überweisung durch Reichsbankgiro und durch Postscheck.

Hat ein Speditionsunternehmen auf Antrag ein Stundungskonto erhalten, so ist mit jeder Güterauflieferung ein Frachtbrief mit Frankaturrechnung einzureichen, die beide den Vermerk „Tagesstundung" tragen. Auf Grund dieser Frankaturrechnungen und der Verrechnungskarten über den Eingang eines Gutes, welche die Bahn ausschreibt, wird ein Konto geführt, dessen Saldo an dem der Entstehung folgenden Tage zu begleichen ist. Erfolgt dieses durch Reichsbankgiro, so erhält der Stundungsnehmer zugleich mit den Rechnungsunterlagen den Saldo, den er am selben Tage durch Reichsbankgiro zu überweisen hat. Ist vom Stundungsnehmer jedoch die Zahlung durch Postscheck gewählt, so sendet die Bahn täglich die Abrechnung dem Postscheckamt ein, das ohne Aufforderung des Kontoinhabers sofort selbständig die Zahlung vornimmt. Der Kontoinhaber erhält mit der Abrechnung des Postscheckamtes die von der Bahn ausgestellten Unterlagen über die erhobene Summe. Bei beiden Verfahren ist die Aussetzung der Zahlung wegen falsch berechneter Fracht nicht möglich, sondern diese ist auf dem Wege der Reklamation zu regeln. Diese beiden Arten von Frachtstundung vermeiden zwar den Barverkehr, sie gewähren jedoch dem Stundungsnehmer nur einen eintägigen Kredit und belasten ihn mit den täglich entstehenden Überweisungskosten. Aus diesem Grunde ist die eintägige Stundung wenig für Speditionsunternehmungen geeignet.

Die zweite Form, die der einmonatigen Stundung, kommt dem Großverkehr mehr entgegen. Soll ein Konto eröffnet werden, so ist zunächst ein Antrag einzureichen, der die Höchstsumme der zu stundenden Einzelbeträge enthält. Diese Summe berechnet sich aus dem $1^1/_2$fachen des voraussichtlichen monatlichen Schuldbetrages, da die

Begleichung erst am 10. des folgenden Monats zu geschehen hat und daher tatsächlich mindestens 40 Tage gestundet wird. In Höhe dieser Summe ist eine Sicherheit zu stellen, die aus Bürgschaften, Wertpapieren usw. bestehen kann. Die Bürgschaft ist hier die einfachste Form und wird sehr viel gewählt, zumal sich bereits Unternehmungen gebildet haben, die diese gegen ein geringes Entgelt übernehmen. Kommen in größeren Städten, wie z. B. in Köln, mehrere Güterabfertigungen in Frage, so kann über den Gesamtbetrag der für jede einzelne Stelle festgesetzten Stundungssumme ein Generalpfand bestellt werden.

Während die Eisenbahn im eintägigen Frachtstundungsverkehr keine Gebühren erhebt, berechnet sie sich bei einmonatiger Begleichung 3‰ von einer folgendermaßen entstandenen Summe:

Summe aller Schulden
abzügl. Gutschriften
= Abgabepflichtige Differenz.

Zu den Gutschriften rechnet die Bahn nicht die im Laufe des Monats bezahlten Abschlagssummen, um die Stundungsnehmer zu veranlassen, daß sie die Höchstsumme nicht zu niedrig ansetzen und dadurch die von der Bahn als störend empfundenen Abschlagszahlungen vermeiden.

Der aus dem Abrechnungsverkehr sich ergebende Saldo zugunsten der Bahn ist dieser spätestens bis zum 10. des folgenden Monats unter Vermeidung von 5% Verzugszinsen bei Überschreitung dieses Termins durch Reichsbankgiro zu überweisen.

Die vorstehenden Hauptpunkte der Stundungsbedingungen werden noch ergänzt durch Einzelheiten, die jedoch von nebensächlicher Bedeutung sind Die Vorschriften sind zusammengefaßt in den „Bedingungen für Frachtstundung“, die als Drucksache von jeder Eisenbahndirektion bezogen werden können.

Das Frachtstundungskonto (Form 31) ist in seinem Vordruck von der Eisenbahnverwaltung festgelegt. Die Güterkassen führen genau das gleiche Schema, so daß eine Abstimmung zwischen dem Konto des Spediteurs und dem der Bahn leicht möglich ist. Der Kopf des Vordrucks trägt die Bezeichnung der Güterkasse, mit der die Abrechnung besteht, und den Höchstbetrag der für diese bewilligten Stundungssumme. Das Blatt teilt sich in Belastung und Gutschriften. Die Belastungen zerfallen wieder in Frankaturen, dieses sind die für den Versand zu zahlenden Frachten, und in Überweisungen, die aus den Frachten unfrankiert eingehender Sendungen und vom Empfangsspediteur zu zahlenden Nachnahmen bestehen. Außerdem sind noch Spalten für Nebengebühren vorgesehen. Eine letzte endlich zeigt den Stand der gesamten Belastung des Kontoinhabers an. Unter Gutschriften fallen nur die Nachnahmen auf ausgehende Sendungen, die erst nach Eingang

Frachtstundungskonto für ....

Höhe der bewilligten Frachtstundung: .... Mark.

Laut Verfügung der Eisenbahndirektion .... vom .... ten .... 19 .... Geschäftszeichen: ....

Seite: ....

1	2	3	4		5		6		7		8		9		10		11		12		13		14		15	
Laufende Nr.	Tag	Nachweis der Verrechnung	Belastung																		Gutschrift					
			Frankaturen		Eisenbahnmarken		Überweisungen des lfd. Monats		Überweisungen des Vormonats		Nebengebühren		Frachturkundenstempel		Sonstige		Summe		Vom 1. bis zum Tagesschlusse		Nachnahme		Sonstige		Vom 1. bis zum Tagesschlusse	
			ℳ	Pf	ℳ	Pf	ℳ	Pf	ℳ	Pf	ℳ	Pf	ℳ	Pf	ℳ	Pf	ℳ	Pf	ℳ	Pf	ℳ	Pf	ℳ	Pf	ℳ	Pf

Form. 31.

bei der Bahn von dieser kreditiert werden. Eine weitere Kolonne nimmt Vergütungen aus Reklamationen usw auf. Eine letzte endlich zeigt die Gesamtsumme aller Monatsgutschriften an. Zur Eintragung in das Stundungskonto gelangt nicht jede einzelne Sendung, sondern lediglich die sich aus den Verrechnungskarten und Nachweisungen ergebenden Schlußsummen mit den Nummern ihrer Unterlagen. Am Ende einer Rechnungsperiode schickt die Bahn einen Auszug aus dem Frachtstundungskonto ein, der die jeweilige Schuld oder das Guthaben der Speditionsfirma erkennen läßt. Nach erfolgter Prüfung wird eine bestehende Schuld durch den Spediteur oder die Bahn überwiesen, und damit erreicht der Verrechnungsvorgang innerhalb einer Periode sein Ende. Die Nachnahmenachweisungen und Frankaturrechnungen werden von der Eisenbahnabteilung aufbewahrt.

Die dritte Aufgabe der Abteilung besteht darin, die von der Bahn berechneten Frachtsätze auf Grund der Frachtbriefe zu prüfen und den Speditionsabteilungen Auskunft über vorzunehmende Verfrachtung hinsichtlich des zu wählenden Weges und des entstehenden Frachtbetrages zu geben. Um diese Arbeiten in einwandfreier Weise erledigen zu können, bedarf die Abteilung eines Tarifeurs, dessen Kenntnisse sich jedoch bei einem großen Unternehmen nicht nur auf die der deutschen Bahnen und ihrer Vorschriften beschränken dürfen, sondern auch die der ausländischen umfassen müssen. Nicht nur werden häufig die Frachtsätze durch falsche Einordnung der Güter unrichtig berechnet, sondern es werden auch sehr häufig von der Bahn Ausnahmetarife übersehen, die sehr wesentliche Frachtermäßigungen enthalten. Da der Bahnbeamte infolge seiner Haftung dazu neigt, lieber einen höheren Satz zu berechnen, wenn er sich über die Tarifierung nicht klar ist, so ist eine Kontrolle doppelt am Platze. Die gewissenhafte Nachprüfung der Fracht, namentlich bei Auslandstransporten, bringt oft mehr Summen zurück, als man gemeinhin anzunehmen wagt. Große Industrie- und Handelsunternehmungen senden häufig Speditionsfirmen mit tüchtigen Tarifeuren ihre Frachtbriefe zur Prüfung ein und teilen sich dann mit dem betreffenden Haus in die zuviel berechnete Summe, die von der Bahn wieder herausgezahlt werden muß.

Neben der Frachtbriefprüfung wird der fähige Tarifeur aber vor allem dadurch wertvoll, daß er die Ausnahmetarife fremder Eisenbahnen kennt und dadurch den billigsten Weg für ein zu versendendes Gut herausfindet, was nicht immer sehr einfach ist, zumal wenn man bedenkt, daß der nächste Weg nicht stets der billigste zu sein braucht. Da außerdem bei der Anstellung von Bahnübernahmesätzen die Fracht einen Hauptteil in ihnen ausmacht, so mag man hieraus erkennen, wie stark der Einfluß eines guten Tarifeurs auf die geschäftliche Entwicklung eines Speditionsunternehmens ist.

Ist auch die Prüfung der Frachtbriefe beendet, so werden sie, nach ihren Speditionsnummern geordnet, von der Abteilung aufbewahrt.

Viertens kommt endlich für die Eisenbahnabteilung noch die Erledigung von Reklamationen in Frage, die Unregelmäßigkeiten bei dem Transport von Sendungen auf der Eisenbahn als Grundlage haben. Es kann sich hier um die Rückerstattung zuviel bezahlter Fracht oder um die Begleichung nicht gutgeschriebener Nachnahmen oder um die Ersetzung von Güterverlusten und -beschädigungen handeln. Die Durchführung aller dieser Fälle setzt ebenfalls eine genaue Kenntnis der Organisation der Eisenbahnverwaltungen voraus. Die Abteilung handelt hierbei im Auftrage von Kunden, die ihre Ansprüche an die Bahn durch Zession an den Spediteur übergehen lassen, um die Vertretung ihrer Interessen in fachmännischen Händen zu wissen. Der Spediteur berechnet sich dann für seine Mühe einen geringen Prozentsatz von der bahnseitig zu zahlenden Entschädigung. Um über die laufenden Reklamationen unterrichtet zu sein, ist ein Buch (Form. 32) für

Das Reklamationsbuch.

Datum	Einzelheiten der Reklamation				Weitergabe		Zurückerstatteter Betrag	Erledigungs-Vermerk
	Name der Firma	Wohnort	Gegenstand	Betrag	Datum	Behörde		

Form. 32.

Reklamationen anzulegen, dessen Führung sich aus dem Vordruck ergibt.

Zusammenfassend ist über die Eisenbahn- und Reklamationsabteilung zu sagen, daß sie ein wichtiges Rad im Getriebe eines Speditionsunternehmens darstellt. Da von der Höhe des Frachtsatzes sehr oft das Zustandekommen eines Geschäftes abhängt, so ist auf gute Auswahl des Personals besonders Rücksicht zu nehmen. Da ferner in einem Speditionsbetrieb die Fracht meistens die größte Summe in der Abrechnung mit fremden Firmen bildet und die vom Spediteur erhobene Nachnahme sein ganzes Leistungsentgelt einschließt, so ist die zwangsläufige Erfassung dieser Beträge Grundbedingung zur Vermeidung schwerer finanzieller Nachteile.

3. Die Berechnungsabteilung.

In manchen Großbetrieben findet man eine besondere Abteilung, welche die Abrechnung der Leistungen in der Spesennota des Speditionsbogens vornimmt und dadurch die Speditionsabteilung von dieser Arbeit entlastet. Gleichzeitig werden hier Übernahmesätze kalkuliert, die als Angebote an die Kunden hinausgehen. Diese Abteilung wird mit dem Namen „die Rechnungsabteilung" bezeichnet.

Es entsteht hier die Frage, ob eine derartige Teilung der Arbeit wirklich Vorteile bietet?

Soweit die Aufmachung von Abrechnungen in Frage kommt, muß man sich darüber klar sein, ob man den einzelnen Speditionsfall nach der tatsächlich aufgewandten Arbeit berechnen will, oder ob man für alle Fälle gleicher Art, wie z. B. Stück- oder Lagergut, schablonenmäßig verfahren will, indem man von der Erwägung ausgeht, daß sich in einem Großbetriebe durch die große Zahl der Aufträge Mehr- oder Minderleistung im einzelnen doch wieder in der Summe ausgleichen.

Entscheidet man sich für die Abrechnung nach der tatsächlichen Arbeitsleistung, dann ist in jedem Fall eine genaue Kenntnis des Speditionsfalles bis ins einzelne erforderlich. Diese besitzen die Speditionsabteilungen durch den Verkehr mit dem Expedienten, der stets über Besonderheiten bei Verladungen usw. Bericht erstattet. Sollte also die Berechnung von einer besonderen Abteilung vorgenommen werden, so müßte diese erst von der ganzen Entwicklung in Kenntnis gesetzt werden, wenn es nicht zu starken Ungenauigkeiten kommen soll. Es wäre daher erforderlich, daß bei außergewöhnlichen Arbeitsaufwendungen ein kurzer Bericht zur Berechnungsabteilung gegeben werden müßte, was zu Weitläufigkeiten und vermehrter Arbeit führt. Neben diesem Grunde möchte ich noch einen anderen ins Feld führen, und zwar handelt es sich hier um die Rückfrage des Kunden. Wenn die Beanstandung von Rechnungen gewiß zu den Ausnahmen gehört, so muß man doch bedenken, daß die Nachforschungen und Feststellungen in derartigen Fällen von zwei Abteilungen, der Speditions- und Berechnungsabteilung, vorgenommen werden müßten, was wieder sehr umständlich ist. Gerade im Speditionsgeschäft, in dem nicht jede einzelne Leistung bis auf den Pfennig berechnet werden kann, sondern in dem stets eine Schätzung der eigenen Unkosten eintreten muß, soll man die Berechnung nach Möglichkeit dem Entstehungsort der Unkosten nahebringen, und sie nicht durch Einschaltung einer besonderen Abteilung verlegen. Ferner kommt noch hinzu, daß die Speditionsabteilung ihren Kundenkreis besser kennt, als eine andere, deren Feld sich über die Kundschaft verschiedener Geschäftszweige erstreckt. Zuletzt möchte ich noch bemerken, daß man dem Leiter einer Speditionsabteilung aus rein psychologischen Gründen die Bemessung des Entgelts übertragen soll, damit er sieht, was seine Arbeit tatsächlich an Werten schafft. Selbstverständlich muß sich die Geschäftsleitung einen Einfluß auf die Verrechnungsgrundsätze vorbehalten, zumal da heute Frachten, Löhne und andere Unkosten starken Schwankungen unterworfen sind. Es wird sich hier empfehlen, daß die Geschäftsleiter von Zeit zu Zeit Besprechungen mit den Abteilungsleitern abhalten, um die Grundzüge der zu berechnenden Sätze im großen festzulegen.

Wird eine schablonenmäßige Abrechnung vorgezogen, so ist ebenfalls nach meiner Überzeugung kein Grund vorhanden, sie in einer besonderen Abteilung vornehmen zu lassen. Gelegentlich sind doch aus dem einen oder anderen Grunde Abweichungen erforderlich, und diese lassen sich leichter erledigen, wenn die Speditionsabteilung die Rechnungen aufsetzt. Da sämtliche Bogen durch die Kontrolle laufen, wie später erörtert werden wird, so kann hier gleichzeitig auf starke Abweichungen vom Durchschnittssatz geachtet und gegebenfalls können Rückfragen eingeleitet werden.

Die Berechnungsabteilung befaßt sich ferner mit der Zusammenstellung von Übernahmesätzen. Diese erfordern eine sehr gewissenhafte Durchrechnung, vor allem, wenn es sich um zusammengesetzte Transporte mit Bahn und Schiff, um Abschlüsse für längere Zeit oder um die Anwerbung von Kunden handelt. Es ist natürlich ausgeschlossen, daß man diese Arbeit den Speditionsabteilungen überläßt, da diesen sehr oft der Überblick über die Verkehrszweige der anderen Abteilungen fehlt. Diese Arbeit ist vielmehr der Geschäftsleitung vorbehalten. In der heutigen Zeit der großen Preisschwankungen wird die Zusammenstellung von Übernahmesätzen stets die Einholung von Offerten bei den Verkehrsunternehmungen bedingen und somit eine erhöhte Schreibarbeit gegenüber dem Frieden erfordern. Für einen Großbetrieb wird es daher zweckmäßig sein, die Zusammenstellung der Angebote einer besonderen Abteilung zu überlassen, wobei sich durch die Bearbeitung vieler Fälle wertvolle Erfahrungen herausbilden werden. Gleichzeitig hat diese Abteilung die gesamte Wirtschaftslage unter dem Gesichtspunkt der Güterbewegung und der Frachtenbildung zu beobachten, um diesen Punkten bei der Zusammenstellung von Übernahmesätzen Rechnung tragen zu können. Ferner kommt hinzu, daß sie durch ihre Übersicht in besonderem Maße geeignet ist, den Speditionsabteilungen bei der Werbung von Kunden an Hand zu gehen. Da das Speditionsgeschäft auf Gedeih und Verderb von der Intensität des Güteraustausches abhängt, so ist es unbedingt erforderlich, daß ein großes Unternehmen eine Zentralstelle besitzt, welche die Veränderungen im Güterverkehr beobachtet und sie geschäftlich auszunutzen weiß.

Dieser Abteilung würde außerdem die Akquisition oder Werbung von Kunden durch Reisende anzugliedern sein, während die auf einen Einzelfall zugeschnittenen Offerten von den Speditionsabteilungen abgegeben werden.

Die Verwendung von Geschäftsreisenden in dem Umfang wie sie im Warenhandel und in der Industrie üblich ist, kennt man im Speditionsgeschäft nicht. Der Hauptgrund hierfür liegt in der geringen örtlichen Begrenzung des Kundenkreises, und zwar wiederum im Gegensatz zum Seehafenspediteur, der oft bis tief im Binnenlande wohnende Empfänger von Überseesendungen zu seinen Kunden zählt. Die Güter, die an den Binnenspediteur von auswärts gelangen, wobei der Geschäftsabschließende nicht am Betriebsstandort der Speditionsunternehmung wohnt, gehen fast ausschließlich durch die Hände eines am Aufgabeort tätigen Spediteurs, der auf Grund besonderer Abmachungen oder allgemeiner Vergünstigungen, die meistens auf Gegenseitigkeit beruhen, die Sendungen überweist. Eine Ausnahme bilden hier lediglich die Geschäfte des Lagers, der Binnen- und Seeschiffahrt.

Über die Organisation des Reiseverkehrs selber ist nichts Besonderes für das Speditionsgeschäft zu sagen. Die Aufgabe, die sich hier bietet, ist nicht wesensverschieden von der anderer Erwerbszweige. Auch hier handelt es sich darum, der erste auf dem Plan zu sein und dem Kunden billige und sichere Leistung anbieten zu können. Das gesamte Arbeitsfeld wird in Abschnitte eingeteilt, die bestimmten Reisenden übertragen werden. Die Strecken selber werden von der Geschäftsleitung unter Hinzuziehung der betreffenden Speditionsabteilung festgesetzt. Die Reisenden senden Berichte über ihre Tätigkeit ein, die auf die Bedürfnisse der einzelnen Gewerbe durchzuarbeiten sind. Neben diesen Reiseberichten empfiehlt sich die Anlage von Büchern oder Kartotheken, in denen die Kunden alphabetisch aufgeführt werden, und die genau das Datum des letzten Besuches sowie vor allem die besonderen Interessen des Kunden erkennen lassen.

Am Schlusse meiner Ausführungen über die Berechnungsabteilungen komme ich zu dem Ergebnis, daß eine besondere Abteilung zur Aufstellung der Spesennoten nicht zweckmäßig ist. Zur Lösung der übrigen Aufgaben, wie die Zusammenstellung von Übernahmesätze, Beobachtung der Wirtschaftslage und Organisation des Reisendenverkehrs ist die Zusammenfassung aller wichtigen Fäden erforderlich, so daß hierfür die Bildung einer besonderen Abteilung durchaus geraten erscheint.

4. Die Buchhaltungsabteilung.

In diesem Abschnitt kommt die Buchhaltung des Speditionsbetriebes zur Darstellung, bei der ich allgemeine Kenntnisse des Buchhaltungswesens voraussetze. Das zur Anwendung kommende Aufzeichnungssystem ist die doppelte Buchführung.

Nachdem der Speditionsfall selbst seine Erledigung gefunden hat, gelangen sämtliche Speditionsbogen, Borderaux und etwa vorhandene Manifeste zur Buchhaltung, um hier auf die Richtigkeit der Ausrechnung geprüft zu werden. Hierauf werden die in dem Speditionsbogen aufgestellten Noten in zweifacher Ausfertigung auf Rechnungsformulare abgeschrieben, von denen das eine nach Verbuchung dem Kunden übersandt, und das zweite als Kopie in der Registratur aufbewahrt wird. Die Übernahme der Arbeit des Nachrechnens und der Notenausstellung geschieht lediglich zum Zwecke der Entlastung der Speditionsabteilungen.

Eine Ausnahme von der Rechnungsausschreibung durch die Buchhaltung ist in drei Fällen gegeben:

1. Der Betrieb ist, wie auch im folgenden Falle 2, der Empfangsspediteur, und die gesamten auf der Sendung ruhenden Kosten werden bei Zustellung des Gutes durch den Fuhrmann nachgenommen. Die Rechnungsausstellung ist in diesem Falle von der Speditionsabteilung auf dem Stadtfrachtbrief vorgenommen worden, der dem Empfänger mit dem Gut zugeht.

2. Der Empfänger des Gutes ist Selbstabholer. Diesem ist gleichzeitig mit der Benachrichtigung vom Eintreffen des Gutes ein Stadtfrachtbrief zugestellt worden, so daß sich eine besondere Rechnung für ihn erübrigt. Jm ersten und zweiten Falle hat die Buchhaltung lediglich die Kosten des Absenders auf Grund einer von ihr auszustellenden Rechnung zu regulieren, während die Verbuchung des Barverkehrs von der Kasse vorgenommen wird.

3. Die Anfertigung einer Note erübrigt sich endlich noch dann, wenn der Betrieb Absender ist und seine Kosten durch die Bahn als Nachnahme erhebt. Bei diesen Versendungen werden die Abrechnungen von der Speditionsabteilung in den Originalfrachtbriefen aufgemacht.

Die Buchführung soll neben ihrem einen Zweck, die einzelnen Geschäftsvorgänge hinsichtlich der Geldbewegung festzuhalten, vor allem den Leitern des Unternehmens einen möglichst guten Überblick über den gesamten Geschäftsgang geben.

1. Es ist anzustreben, daß man den Beschäftigungsgrad der einzelnen Abteilung nach ihren Umsatzziffern erkennen kann. Um dieses Ziel zu erreichen, legt man für jede Abteilung ein Journal (Form. 33, siehe Tafel I am Schluß des Buches) an. Auf den ersten Blick mag dieses recht umständlich erscheinen, jedoch muß man bedenken, daß auf diese Weise in die von der Buchhaltung zu bewältigende Arbeit eine natürliche Teilung gebracht wird, so daß man je nach Anzahl der für eine Abteilung durchschnittlich zu verbuchenden Rechnungen die Führung von einem oder mehreren Journalen einem

Buchhalter zuweisen kann. Will man jedoch nicht für jede Abteilung ein Buch einrichten, so wäre eine Zusammenfassung dergestalt durchzuführen, daß gleichgeartete Abteilungen ein Journal erhalten, z. B. die Abteilungen für Frankreich, Italien, Schweiz usw. zusammengefaßt unter ausländischeBahntransporte, diese wieder zusammen mit Stück-, Sammelgut und Wagenladungen unter Bahnverfrachtungen. Ähnlich kann man auch mit Schiffstransporten verfahren, indem man in einem Journal unter Schiffahrt die Binnenschiffs- und Überseespeditionen vereinigt. Nach Möglichkeit sind jedoch die Zusammenfassungen von mehreren Abteilungen in einem Journal der besseren Übersicht wegen zu vermeiden. Das Mehr an Arbeit, das durch die Trennung verursacht wird, besteht lediglich darin, daß bei der Bilanzaufstellung nicht ein Buch abzuschließen ist, sondern sämtliche Journale, deren Ergebnisse in ein Hauptjournal (Memorialjournal) übertragen werden. Diese Zusammenfassung läßt sich um so leichter durchführen, da alle Bücher einschließlich des Kassen- und Memorialjournal den gleichen Vordruck aufweisen. Um bei dieser Zerlegung der Buchhaltung dem tatsächlichen Rohergebnis der einzelnen Abteilungen möglichst nahe zu kommen, ist es erforderlich, daß auch die Kasse ihre Aufzeichnungen genau in gleicher Weise nach den Abteilungen aufteilt, wie es in der Buchhaltung geschieht. Da jedoch die Barzahlungen nur einen geringen Teil der Begleichung von Rechnungen ausmachen und sich hauptsächlich auf Stück-, Sammelgut und Möbeltransporte beziehen, so könnte man diese trennen und alle übrigen Fälle zusammenfassen, ohne daß große Ungenauigkeiten entstehen würden. Das Ideal bleibt aber auch hier eine mit der Buchhaltung kongruente Trennung, die sich wohl ohne große Schwierigkeiten für alle Abteilungen in einem Journal durchführen läßt.

2. Neben diesem Gesichtspunkt kommt die Herausschälung der Umsatzziffern jedes Geschäftszweiges in Frage, wie Umfuhr, Lagerung, Versicherung usw., die mehr oder weniger von allen Abteilungen in Anspruch genommen werden. War die erste Aufgabe durch die Einrichtung eines besonderen Journals für jede Abteilung gelöst worden, so wird man der zweiten dadurch gerecht, daß alle Bücher die gleiche Aufteilung nach den Geschäftszweigen aufweisen. Beim Abschluß werden die Ziffern jedes Journals unter der Abteilungsbezeichnung in das Memorialjournal eingesetzt, so daß sich zusammen mit den ebenfalls zu übertragenden Summen der Kassenjournale durch Addition die Umsatzziffer des einzelnen Geschäftszweiges ergibt.

Das Abteilungsjournal dient lediglich zur Verbuchung der Speditionsfälle, d. h. es kommen hier nur solche ein- und ausgehenden Rechnungen, Borderaux und Manifeste zur Eintragung, welche die Beförderung oder Lagerung von Gütern betreffen, also nicht Auslagen des Betriebes für Gehälter, Feuerversicherung und andere Unkosten, die vom Memorialjournal aufgenommen werden. Das Journal weist eine tabellenförmige Konteneinrichtung auf, die neben den üblichen Spalten für Kontokorrent, Bank, Unkosten usw. die für Bahn- und Seefracht, Fuhrbetrieb, Lager, Versicherung, Spedition und Zoll umfaßt, die ich gemeinsam unter dem Namen ,,Erwerbskonten" zusammenfasse, da sie als Unterkonten der Gewinn- und Verlustrechnung geführt werden können. Die Anzahl der Konten kann natürlich nach Bedarf vermehrt oder vermindert werden, jedoch glaube ich, daß die vorliegende Einteilung den Durchschnittsanforderungen gerecht wird.

Die einzelnen Spalten nehmen folgendes auf:

Spalte 1. Die fortlaufende Positionsnummer, die bei der Verrechnung einer Nachnahme eines Versenders wichtig ist.
,, 2. Das Übertragungsfolio in andere Bücher.
,, 3. Das Eintragungsdatum.
,, 4. Den Buchungssatz.
,, 5. Den Bericht oder Buchungstext.
,, 6. Die Speditionsnummer.
,, 7. Den Nachnahmevermerk, auf den ich bei Besprechung der Verbuchung von Nachnahmen näher eingehen werde.

Hierauf folgen die einzelnen Konten, und zwar für:

Spalte 8. Für das Kontokorrent.
,, 9. Die Reichsbank.
,, 10. Die anderen Banken.
,, 11. Den Postscheckverkehr.
,, 12. Die Kasse.
,, 13. Die Bahnnachnahme.

Auf diesem Konto gelangen nur Bahnnachnahmen zur Verrechnung, die im unmittelbaren Verkehr des eigenen Betriebes mit den Güterkassen entstanden sind, und zwar:

1. In der Sollspalte solche, die der eigene Betrieb auf ausgehende Sendungen legt. Dieses tritt z. B. stets dann ein, wenn eine unfrankierte Stückgutsendung, auf die kleine Kosten entstanden sind, an einen solchen Empfänger zur Abfertigung gelangt, mit dem keine Verrechnung besteht. Wie zu verbuchen ist, möge folgendes Beispiel zeigen:

Eine Sendung, für die an Rollgeld Mk. 10.—, Versicherung Mk. 3.— und an sonstigen Unkosten Mk. 7.— zu erheben sind, kommt an den Empfangsspediteur Neumeier zum Versand, und da mit diesem kein Abrechnungsverhältnis besteht, wird die Summe von Mk. 20.— durch die Bahn nachgenommen.

Erste Buchung:
Neumeier wird mit Mk. 20.— belastet.

Kontokorrentkonto			
an folgende	Rollgeld ...	Mk.	10.—
	Versicherung	,,	3.—
	Spesen	,,	7.—
	Sa.	Mk.	20.—

Zweite Buchung:

2. Der Empfänger leistet die Zahlung an die Bahn, die sie dem Absender überweist. Die Buchung lautet:

Bahnnachnahmekonto	
an Kontokorrentkonto	Mk. 20.—

Um nicht jeden kleinen Kunden, der gelegentlich einmal einen Auftrag hat, mit durch das Kontokorrent schleppen zu müssen, ist bei Ausgang gleich folgendermaßen zu buchen:

Bahnnachnahmekonto			
an folgende	Rollgeld ...	Mk.	10.—
	Versicherung	,,	3.—
	Spesen	,,	7.—
	Sa.	Mk.	20.—

Eine Gewähr dafür, daß sämtliche Nachnahmen auf ausgehenden Sendungen erfaßt werden, hat man durch den Vergleich der Nachweisungen, die von der Bahn ausgestellt werden, mit dem Versandbuch, in dem, wie oben erwähnt, jeder ausgehende Frachtbrief zur Eintragung gelangt. Ferner muß am Ende einer Abschlußperiode die Summe der Nachnahmegutschriften auf dem Stundungskonto gleich sein der gesamten Sollsumme der Bahnnachnahmekonten aller Journale, abzüglich der Beträge für solche Sendungen, die erst in den letzten Tagen den Betrieb verlassen haben, und deren Nachnahmen von der Empfangsstation noch nicht an die Kölner Güterkasse überwiesen sind, so daß die Gutschrift noch aussteht.

2. Die Habenseite des Kontos nimmt alle Nachnahmebeträge auf, die dem eigenen Betrieb beim Empfang von Gütern durch die Bahn belastet worden sind. Da die Bahn diese Beträge mit den zu zahlenden Frachten unter dem Titel „Überweisungen" zusammenfaßt, so läßt sich eine Abstimmung zwischen der Summe der Habenspalten mit dem Frachtstundungskonto nur dann vornehmen, wenn man entweder das Bahnfrachtkonto mit heranzieht, wie ich im folgenden zeigen werde, oder wenn man die belasteten Nachnahmen in einer besonderen Spalte des Frachtstundungskontos aufführt, wozu vielleicht die für „Eisenbahnmarken" dienen kann, da diese nicht mehr zur Verwendung kommen.

Spalte 14. Die Bahnfracht. Dieses Konto kann man nach zwei verschiedenen Gesichtspunkten führen:

1. Man verbucht auf ihm nur die tatsächlich an die Bahn gezahlte Fracht, dann muß der Saldo dieses Kontos zusammen mit dem des Bahnnachnahmekontos den Betrag ergeben, den das Frachtstundungskonto bei der Abrechnung als Schuld oder Guthaben des Betriebes bei der Bahn ausweist. Die Konten Bahnfracht und -Nachnahme werden dann durch die Überweisung des Betrages durch oder an den Betrieb ausgeglichen. Die einzelnen Kosten auf dem Bahnfrachtkonto entstehen dadurch, daß der Betrieb die tatsächlich verauslagte Fracht dem Kunden in Rechnung stellt, und bei der Eintragung der Nota die Summe auf das Konto ausgeworfen wird. Hierbei ist jedoch zu beachten, daß z. B. bei unfrankiert ausgehenden Sammelwagen naturgemäß weder die vom Empfangsspediteur dem Absenderbetrieb belastete Waggonfracht noch die jedem Kunden in Rechnung gestellte Stückgutfracht in Ansatz zu bringen ist, da sie nicht vom eigenen Betrieb unmittelbar mit der Bahn, sondern durch den Empfangsspediteur verrechnet worden ist. Bei einkommenden unfrankierten Sammelwagen dagegen ist die an die Bahn gezahlte Wagenfracht zu verbuchen, jedoch natürlich wieder nicht die dem Kunden weiterberechnete. Mit anderen Worten ausgedrückt, sind alle Bahnfrachten, die der Betrieb nicht selbst an die Eisenbahn zahlt, über Speditionskonto zu nehmen, auf dem sich dann der Frachtgewinn aus dem Sammelverkehr ergibt.

Es erscheint daher im Soll des Bahnfrachtkontos die Summe, die der Betrieb laut Stundungskonto zu zahlen hat, während die Habenseite die Weiterberechnung der vom Betrieb unmittelbar an die Bahn gezahlten Frachten aufweist.

2. Auf das Konto werden sämtliche Bahnfrachten ausgeworfen, die durch den Betrieb verrechnet werden, und zwar ohne Rücksicht darauf, ob es sich um die Güterkasse oder einen anderen Beteiligten handelt. Die Folge hiervon ist, daß sich der Frachtgewinn des Sammelverkehrs auf diesem Konto zeigt, dagegen die Übereinstimmung des Saldos von Bahnfracht und -Nachnahmekonto mit dem des Frachtstundungskontos unmöglich gemacht wird.

Die Sollseite umfaßt daher alle Frachtzahlungen des Betriebes ohne Rücksicht auf den Empfänger und die Habenseite sämtliche weiterberechneten Frachtsummen.

Welche von beiden Arten zu wählen ist, ist ganz dem persönlichen Wunsche des Leiters überlassen, zumal eine Übereinstimmung mit dem Frachtstundungskonto (Fall 1), die eine Kontrolle über die lückenlose Weiterberechnung der verausgabten Frachten bildet, ohne Gefahr unterbleiben kann. Dieses kann geschehen, weil

1. die Eisenbahnabteilung die Verrechnungskarten nach der im

Speditionsbogen eingesetzten Fracht abhakt, so daß ein nicht zur Weiterbelastung kommender Posten sofort auffällt;

2. die Kontrollabteilung wiederum sämtliche Speditionsbogen auf den Vermerk der Eisenbahnabteilung prüft.

Spalte 15. Seefracht: im Soll erscheint die vom Spediteur an Reedereien oder andere Unternehmungen zu zahlende Seefracht, im Haben die dem Kunden berechnete.

Spalte 16. Fuhrbetrieb: im Soll gelangen sämtliche Unkosten zur Unterhaltung des Fuhrbetriebes zur Verbuchung, die allerdings nur im Memorialjournal vorgenommen werden. Ausgenommen hiervon sind jedoch Neuanschaffungen, die einem Anlagekonto (Fuhrpark) zu belasten sind. Die Habenspalte weist

Kontokorrentbuch für feste

Soll					
Journal-folio	Datum	Text	Nachnahme-Vermerk	Bestätigung	Betrag
1	2	3	4	5	6

Form.

die Rollgelder auf, die der Betrieb für seine Fahrten weiterberechnet.

Spalte 17. Lager: im Soll stehen wieder sämtliche Unkosten, im Haben das vom Betrieb für die ausgeführte Lagerung erhobene Lagergeld.

Spalte 18. Versicherung: die Sollposten zeigen die an die Versicherungsanstalten abgeführten Beträge mit Ausnahme solcher, die den Betrieb selbst angehen, wie z. B. für Gebäude-Haftpflicht und Versicherung usw. Diese letzen stellen Betriebsunkosten dar und sind daher dem Unkostenkonto zu belasten. Ferner sind im Soll die Summen von Schadensfällen zu verbuchen, deren Versicherung der Betrieb auf eigene Gefahr übernommen hatte. Die Habenspalte zeigt die dem Kunden berechneten Beträge, die für die vom Betrieb ausgeführten Versicherungen einzuziehen sind.

Spalte 19. Spedition: dieses ist ein Sammelkonto. Im Soll sind alle Beträge aufgeführt, die der Betrieb an fremde Unternehmungen für Speditionen zu zahlen hat. wie die von jenen verauslagte Bahnfracht, falls dieses Konto nach der unter 14,1 bezeichneten Art geführt wird, ferner Rollgeld, Lagergeld, Versicherung usw., alles Summen, die von fremden Unternehmungen für deren Leistungen erhoben werden. In der Habenspalte werden alle diese Beträge weiterberechnet, dazu kommen ferner die eigenen kleinen Spesen wie Provisionen für Inkasso und Zoll usw., die dem Kunden belastet werden. Über dieses Konto laufen ferner alle Nachnahmen sowohl beim Einzug als auch bei der Wiederauszahlung, soweit die Beträge vom verbuchenden Betrieb nicht unmittelbar mit einer Güterkasse verrechnet werden.

Kunden und Spediteure.

Haben					
Journal-folio	Datum	Text	Nachnahme-Vermerk	Bestätigung	Betrag
7	8	9	10	11	12

34.

Spalte 20. Zoll: dieses Konto kann wieder auf zwei verschiedene Arten geführt werden. Entweder verrechnet es die reinen Zollbeträge, dann muß es sich nach Glattstellung der vom Zollamt gestundeten Summen ausgleichen, oder es wird im Haben die Provision für den verauslagten Zoll mit in Ansatz gebracht, dann weist es den aus diesem Geschäft sich ergebenden Gewinn aus.

Spalte 21. Unkosten: hier werden die dem Betrieb erwachsenden Unkosten an Gehältern, Löhnen, Versicherung, Wasser usw. zur Darstellung gebracht.

Spalte 22. Verschiedenes: Dieses Konto nimmt alle übrigen im Betrieb sich ergebenden Journalbuchungen auf. Im Journal der Möbeltransportabteilung empfiehlt sich auf diesem Konto die Eintragung der Gebühren, die durch Mieten oder Vermieten von Wagen entstehen. Die Konten 21 und 22 werden infolge ihrer Bestimmung lediglich im Memorialjournal benutzt.

Ein weiteres Buch, daß die Abteilung zu führen hat, ist das Kontokorrent. Dieses ist zweckmäßigerweise, wie es in der Praxis vielfach geschieht, einzuteilen nach der Stellung des Kontrahenten zum Betrieb in 1. das für Spediteure, 2. das für feste Kunden, 3. das für einmalige Kunden, soweit bei letzteren die Schuld nicht durch Bahnnachnahme erhoben wird. Zur Führung der Kontokorrente 1 und 2 (Form. 34) ist, abgesehen von der Benutzung der Spalten 4, 5, 10 und 11, auf die ich bei Besprechung der Verbuchung von Nachnahmen zurückkommen werde, nichts Besonderes zu sagen, dagegen möchte ich für das Kontokorrent für einmalige Kunden (Form. 35), die im Speditionsverkehr sehr häufig sind, eine andere Form vorschlagen, die Papier erspart. Es

Kontokorrentbuch für

Soll					
Name	Journal-folio	Da-tum	Text	Nach-nahme-vermerk	Betrag
1	2	3	4	5	6

Form.

handelt sich hierbei lediglich um die Anordnung im Kontokorrentbuch. Während man im allgemeinen gewohnt ist, den Namen des Kontoinhabers über dieses zu setzen, ist es praktischer, den Namen in die Zeile der Buchung einzufügen, zumal fast ausnahmslos von diesen Kunden der belastete Betrag auf einmal in seiner vollen Höhe eingeht.

Tritt nun tatsächlich einmal der seltene Fall ein, daß ein Kunde nicht den vollen Betrag von beispielsweise Mk. 286.— bezahlt, sondern nur Mk. 200.—, so wären folgende Buchungen nötig:

1. Belastung bei Ausgang im Journal:

Kontokorrentkonto		
an Erwerbskonten		Mk. 286.—

2. Übertragung in das Kontokorrentbuch.
3. Bei Eingang der Zahlung durch eine Bank im Journal

Bankkonto		
an Kontokorrentkonto.		Mk. 200.—
Konto Verschiedenes		
an Kontokorrentkonto.	Differenz	,, 86.—

4. Eintragung in das Kontokorrent Mk. 286.—

Damit ist der Sollposten von Mk. 286.— im Kontokorrentbuch ausgeglichen, es ist nunmehr eine neue Belastung über Mk. 86.— vorzunehmen.

5. Im Journal:

Kontokorrentkonto.

an Konto Verschiedenes Differenz Mk. 86.—

6. Übertragung in das Kontokorrentbuch Mk. 86.—
7. Bei endgültiger Regelung wird der Betrag von Mk. 86.— wieder über das Konto „Verschiedenes" ausgeglichen und im Kontokorrentbuch ausgetragen.

Das Kontokorrentbuch besitzt auswechselbare Blätter, die in eine

einmalige Kunden.

Haben				
Betrag	Nachnahmevermerk	Text	Datum	Journalfolio
7	8	9	10	12

35.

alphabetische Aufteilung eingeordnet sind. Das einzelne Blatt besitzt 11 Spalten, und zwar enthalten sie:

Spalte 1. Den Namen des Kontoinhabers.
„ 2. Das Journalfolio.
„ 3. Das Datum der Eintragung.
„ 4. Den Text.
„ 5. Den Nachnahmevermerk.
„ 6. Den Belastungsbetrag.
„ 7. Die Gutschrift.
„ 8. Den Nachnahmevermerk.
„ 9. Den Text.
„ 10. Das Datum.
„ 11. Das Journalfolio.

Beim Abschluß dieses Buches wird man leicht aus den fehlenden Eintragungen auf der rechten Seite einen Überblick über noch nicht beglichene Beträge erhalten, so daß man dann die Zahlung unter Umständen anmahnen kann.

Einer besonderen Besprechung bedürfen noch die Nachnahmen, die vom Spediteur für einen Absender oder Versender eingezogen worden sind und von ihm an diese wieder ausgezahlt werden. Hier sind zwei Fälle zu unterscheiden.

I. Die Sendung kommt von auswärts und wird durch den Betrieb dem Empfänger zugestellt. Ruht auf diesem Gut eine Nachnahme, die vielleicht die Restsumme des Kaufpreises darstellt und bei unfrankierten Sendungen noch durch die Unkosten des Absenderspediteurs erhöht wird, so gleicht der Empfangsspediteur diese Gesamtsumme, wie jeden anderen Schuldbetrag aus, da er als Pfand die Ware in Händen hat. Er erhebt bei Zustellung des Gutes an den Empfänger den von diesem geschuldeten Betrag, vermehrt um sein Leistungsentgelt.

II. Der Spediteur verlädt eine Sendung nach auswärts, die vom Kunden mit einer Nachnahme belegt ist. Um sowohl den Eingang der Nachnahme vom Sendungsempfänger als auch die Auszahlung an den Versender überwachen zu können, sind besondere Notizen erforderlich, die von der Art des Einzugs und der Nachnahme abhängen.

a) Der Sendungsempfänger steht mit dem Absenderspediteur im Kontokorrentverkehr. Wird das Gut zum Versand gebracht, so stellt der Absender zwei Noten aus, und zwar:

1. eine an den Empfänger über die Speditionskosten und Nachnahmen. Diese Note wird in das Journal gebucht und unter Nachnahmevermerk (Spalte 7) die fortlaufende Positionsnummer des Journals eingetragen, welche die Gutschriftsanzeige an den Nachnahmeempfänger enthält.

2. Dem Versender wird eine Gutschriftsanzeige über die erhobene Nachnahme zugestellt. Diese Nota wird gleichfalls in das Journal eingetragen und erhält unter Nachnahmevermerk die fortlaufende Journalnummer der Rechnung an den Sendungsempfänger. Da diese beiden Abrechnungen aus einem Speditionsfall hervorgehen, werden sie auch unmittelbar nacheinander im Journal erscheinen, so daß die Eintragung der gegenseitigen fortlaufenden Nummern keine Schwierigkeiten bereitet.

Werden jetzt die beiden Buchungsfälle in das Kontokorrent übertragen, so wird in diesem in der Spalte „Nachnahmevermerk" das Kontokorrentfolio der andern Note eingesetzt, also bei der ersten die Seitenzahl des Kontokorrentes der zweiten und umgekehrt.

Hat jetzt der Empfangsspediteur die Nachnahme eingezogen, so überweist er sie oder schreibt sie dem Absenderspediteur gut. Die einlaufende Nachnahmeüberweisung wird im Journal verbucht und von dort in das Kontokorrentbuch übertragen, wo man im Soll den Hinweis auf den Nachnahmeempfänger findet. Ist dieser ein fester Kunde mit Abrechnungsverhältnis, so wird lediglich in der Bestätigungsspalte des Nachnahmevermerks auf der Habenseite seines Kontokorrentkontos, wo ihm die Summe gutgeschrieben war, eine Notiz gemacht, z. B.

Scheck 20. 8. 1921. Handelt es sich um einen einmaligen Auftrag eines Kunden, so wird eine Überweisung ausgeschrieben, die wieder im Journal verbucht wird und bei der Übertragung in das Kontokorrent die Gutschrift ausgleicht. Steht jedoch auch der Empfangsspediteur, der die Nachnahme eingezogen hat, mit dem Absenderspediteur im Kontokorrentverkehr, so wird er die erhobene Nachnahme nicht sofort überweisen, sondern eine Gutschriftsanzeige schicken. Auf Grund dieses Briefes wird im Kontokorrent vom Absenderspediteur bei der im Soll stehenden Summe der Vermerk Brief vom 28. 8. 1921 in die Bestätigungsspalte eingesetzt. Die Abrechnung mit dem Kunden geschieht wie oben.

b) Der Empfänger steht mit dem Absenderspediteur nicht im Kontokorrentverhältnis, so daß die Nachnahme durch die Bahn erhoben wird. Wie erinnerlich wird im Journal

Bahnnachnahmekonto
an Erwerbskonto

gebucht, wodurch eine Übertragung dieses Postens in das Kontokorrentbuch unterbleibt. An den Nachnahmeempfänger wird wiederum eine

Auszahlungsbuch für Bahnnachnahmen.

Datum	Sendungs-Empfänger	Empfangs-Station	Nachnahme-Empfänger	Konto-korrentfolio	Betrag	Eingangs-vermerk der Eisenbahn	Erledigung durch die Buchhaltung
1	2	3	4	5	6	7	8

Form. 36.

Gutschriftsanzeige versandt, die durch das Journal im Kontokorrent eingetragen wird. Hat die Bahn die Nachnahme eingezogen, so schreibt sie den Betrag dem Stundungskonto des Absenderspediteurs gut. Um nun die Buchhaltung vom Eingang des Betrages in Kenntnis zu setzen, ist die Einrichtung eines „Nachnahmebuches“ (Form. 36) erforderlich. Die Buchhaltung füllt die Spalten 1—6 aus, wobei unter Nummer 5 das Kontokorrentfolio der Gutschriftsanzeige an den Nachnahmeempfänger einzusetzen ist, und übergibt dann das Buch der Eisenbahnabteilung, die nach den eingegangenen Nachnahmenachweisungen einen Eingangsvermerk in Spalte 7 einsetzt und es der Buchhaltung wieder zurückreicht. Diese nimmt nunmehr die Verrechnung mit dem Nachnahmeempfänger wie unter I. vor und setzt in Spalte 8 das Erledigungsdatum ein, so daß sich hier eine gute Kontrolle ergibt.

Über die Einrichtung des Hauptbuches sowie die Aufstellung der Bilanzen ist hier nichts Besonderes zu sagen, da keine Wesensunterschiede mit anderen Betrieben vorliegen. Immerhin dürfte es aber von Interesse sein, die Erfolgsrechnung und Unkostenkalkulation im Speditionsbetrieb in einer besonderen Arbeit zu entwickeln.

Ist die Verbuchung der Rechnungen und ihr Versand vorgenommen, so gelangen die Speditionsbogen mit sämtlichen Einlagen zur Kontrollabteilung. Eine Ausnahme hiervon machen lediglich die Bogen, die Kassenfälle betreffen und daher von jener Abteilung zu verarbeiten sind.

5. Die Kassenabteilung.

Die Aufgabe der Kasse ist die Regelung des Barverkehrs und die Verbuchung dieser Geldbewegung. Sämtliche Kassenfälle, die nicht Speditionen betreffen, wie Gehälter, Löhne, Beschaffung von Betriebsgegenständen usw. laufen durch das Kassabuch, dessen Einrichtung von denen anderer Geschäftsunternehmungen nicht abweicht und daher als bekannt vorausgesetzt wird.

Neben diesem Kassabuch sind die Abteilungsjournale zu führen, wie ich bereits in der Buchhaltung auseinandersetzte. Sie nehmen sämtliche Barfälle auf, die mit der Spedition in Verbindung stehen. Die Führung dieser Journale ist in der Kasse unbedingt erforderlich, um die richtigen Umsatzziffern für die Abteilungen und Geschäftszweige zu erhalten.

Die Speditionskassenfälle lassen sich in drei Hauptgruppen teilen:

1. In die Beträge, die von der Fuhrabteilung auf Grund der Rollkarten beim Abliefern des Gutes eingezogen werden. Diese Summen werden jeden Mittag und Abend von der Fuhrabteilung mit den Fuhrscheinen der Kasse eingehändigt, welche den Empfang in dem „Quittungsbuch für Fuhrscheine“ bestätigt. Hierauf erfolgt unter Zuhilfenahme des Speditionsbogens, der von der Buchhaltungsabteilung überwiesen worden ist, die Eintragung in das Journal. Die Verbuchung geschieht hier wiederum so, daß das Kontokorrent umgangen wird, wie bei den ausgehenden Bahnnachnahmen. Auch hier kann man diese Art wählen, da es sich um Kunden ohne Kontokorrentverkehr handelt. Der Buchungssatz lautet also

Kasse
an Erwerbskonten, Fuhrschein Nr. ... Mk. —,—.

2. Ganz gleichartig kommen die Beträge im Journal zur Aufzeichnung, die von Selbstabholern gegen Aushändigung der Quittung gezahlt werden, die diesen mit der Benachrichtigung zugestellt worden war. Es handelt sich hier um solche Firmen, die mit eigenen Gefährten

die Güter von der Bahn oder von den betreffenden Lagerplätzen abholen. Die Kasse schreibt nunmehr gegen Zahlung der Schuldsumme und Aushändigung der Quittung einen Auslieferschein aus, auf Grund dessen die Güter vom Lager bezogen werden können. Die Verbuchung wird auch hier auf Grund der im Speditionsbogen aufgemachten Rechnung vorgenommen.

3. Endlich kommen hier noch die Beträge in Frage, welche die Möbeltransportabteilung für die Umzüge bei dem Kunden in bar erhebt. Sie schreibt ein Quittungsformular (Form. 24) aus, das dem Kunden bei Zahlung der Summe übergeben wird. Während der Stamm Nr. 1 im Buch verbleibt, wird Nr. 2 der Kasse mit dem eingezogenen Betrag ausgehändigt, so daß diese eine Unterlage in Händen hat. Die Buchung geschieht hier ebenfalls auf Grund des Speditionsbogens, und zwar wiederum unter Umgehung des Kontokorrentes.

Während die Speditionsbogen der Kontrollabteilung übergeben werden, verbleiben die Fuhrscheine in der Kasse und werden von Zeit zu Zeit von der Kontrolle eingezogen.

Das Kassenbuch sowie die Journale werden wie üblich der Buchhaltung zur Übertragung in das Memorialjournal vorgelegt.

6. Die Kontrollabteilung.

In jedem Großbetriebe, in dem viele Hände an der Erledigung eines Geschäftsauftrages arbeiten, ist es erforderlich, daß der ganze Geschäftsfall nach den im Betrieb entstandenen Unterlagen noch einmal zu prüfen ist, bevor diese endgültig zu den Akten gelegt werden. Diese Kontrolle ist gerade im Speditionsgroßbetrieb von besonderer Wichtigkeit,

1. weil der Betrieb für den Auftraggeber Auslagen an Fracht, Zoll, Nachnahme usw. vorstreckt, deren Weiterberechnung mit voller Sicherheit gewährleistet werden muß, wenn der Betrieb nicht großen Schaden erleiden soll, zumal diese Auslagen den an einem Speditionsfall gemachten Gewinn meistens um ein Vielfaches übertreffen;

2. weil eine Stelle vorhanden sein muß, die die verschiedenen für den inneren Geschäftsbetrieb wichtigen Papiere wieder sammelt und ablegt, und dadurch eine mißbräuchliche Benutzung erschwert.

Bei der Einrichtung einer Kontrollabteilung entsteht zunächst die Frage, an welchem Punkt des Kreislaufes soll sie einsetzen? Der Idealplatz würde zwischen den ausführenden Speditions- und den verrechnenden Verwaltungsabteilungen sein, so daß keine Rechnung hinausginge, ohne daß der ganze Vorgang nochmals eingehend geprüft worden ist. Dieser Platz ist jedoch nicht sehr geeignet, weil bei gutem Geschäftsgang zwischen Ausführung und Abrechnung des Auftrages infolge der Kontrolle viel Zeit verloren würde, oder aber die Kontrolle auf Kosten der Sicherheit schneller arbeiten müßte, und damit ihr Zweck stark in Frage gestellt würde. Bedenkt man ferner, daß die Speditionsabteilung vor Weitergabe der Speditionsbogen die in diesem ausgeschriebenen Rechnungen prüfen wird, daß die Bahnabteilung die nötige Einsetzung der Eisenbahnfracht überwacht, und endlich die Buchhaltung bei Ausschreiben der Rechnung nochmals die Zusammenstellung der einzelnen Beträge prüft, so scheint die Gefahr eines Fehlers doch verhältnismäßig gering zu sein. Aus allen diesen Gründen heraus halte ich die Einschaltung der Kontrollabteilung als letztes Glied der Kette für richtig. Der Weg des Speditionsbogens geht daher von der Buchhaltung oder Kasse zur Kontrolle.

Die einlaufenden Speditionsbogen werden zunächst nach den Speditionsabteilungen geordnet und dann wiederum nach den fortlaufenden Speditionsnummern, so daß sich der Verlust eines Bogens bemerkbar macht. Die Bogen laufen selbstverständlich nicht in der Reihenfolge ihrer Nummern ein, da ein Auftrag mehr Zeit zur Erledigung erfordert als ein anderer. Wird die durchschnittliche Umlaufszeit, die nach den einzelnen Abteilungen verschieden ist, erheblich überschritten, so hat die Kontrolle Nachforschungen bei der betreffenden Speditionsabteilung anzustellen. Dadurch, daß die einzelnen Bogen nach ihren Nummern zur Ablage gelangen, erübrigt sich die Austragung im Speditionsbogenverzeichnis.

Jeder einzelne Bogen wird nunmehr daraufhin untersucht, ob der Kopf und die im Innern vorgedruckte Nota mit den Erledigungsvermerken der Speditions-, Eisenbahn-, Buchhaltung-, und Kassenabteilung versehen sind, und ob die bei Sammelwagen ausgestellten Einlagen vollzählig vorhanden sind. Hierauf geht es an die Prüfung des Speditionsfalles selbst.

Zunächst ist auf Grund der Angaben des Speditionsbogens festzustellen, ob das Gut durch den Fuhrbetrieb befördert worden ist. Ist dieses der Fall, so muß der Fuhrschein bei ordnungsmäßiger Abwicklung des Speditionsfalles entweder dem Bogen beiliegen, oder er wird von der Kasse als Beleg zurückgehalten, falls eine Nachnahme einzuziehen war. Der letzte Fall ist dadurch im Speditionsbogen gekennzeichnet, daß am Fuße der im Innern vorgedruckten Nota ein Hinweis auf den Einzug der Kosten durch die Fuhrabteilung vermerkt sein muß. Die Kontrolle läßt sich nunmehr die Fuhrscheine von der Kasse aushändigen, prüft deren Eintragung in die Kassenjournale und vergleicht ferner die Nummern mit denen vom Fuhrpark, die im Kassenquittungsbuch aufgeführt worden sind. Aus dieser Gegenüberstellung ergibt sich, ob der Schuldbetrag eingekommen und verbucht worden ist. Die Abteilung prüft dann die Einsetzung des Rollgeldsatzes, ob dieser in seiner tariflichen Höhe in der Nota ausgeworfen worden ist.

Die Fuhrscheine werden nunmehr nach ihren fortlaufenden Nummern und der ausstellenden Abteilung wieder gesammelt. Ist ein Fuhrscheinbuch verbraucht, so gelangt es zur Kontrolle, wo nochmals die Übereinstimmung der auf den Fuhrscheinoriginalen und Duplikaten ausgeworfenen Beträge festgestellt wird. Hierdurch ist die doppelte Sicherheit gewährleistet, erstens daß die Summen eingezogen worden sind, welche die Speditionsabteilung berechnet hat, und zweitens daß alle Fuhrscheine die mit Nachnahme belastet worden waren, tatsächlich zum Einzug gelangt sind, da andernfalls zu der im Fuhrscheinbuch ausgeschriebenen Ausfertigung das Duplikat fehlen würde.

Die gleiche Behandlung kommt auch für die Fuhrscheine der Möbeltransportabteilung in Frage.

Neben diesem ersten Fall, daß der Schuldbetrag des Kunden durch Barzahlung als Nachnahme auf einem Fuhrschein in der Kasse eingeht, besteht noch eine zweite Möglichkeit des baren Ausgleichs, und zwar durch die Erstattung des Rechnungsbetrages durch Selbstabholer an die Kasse. Diesen ist zunächst eine Benachrichtigung mit anhängender Nota (Form. 14) zugegangen, die den Rechnungsbetrag aufweist. Beim Ausgang wurde von diesem Vordruck eine Kopie angefertigt, die der Kontrollabteilung übergeben wurde. Läuft der Speditionsbogen von der Kasse bei der Kontrolle ein, so wird zunächst der Rechnungsbetrag mit dem der Kopie verglichen. Da die Benachrichtigung von der Speditionsabteilung ausgeschrieben wurde, so wird eine gute Gewähr dafür geschaffen, daß der Speditionsbogenbetrag nicht nachträglich in der Kasse geändert worden ist. Hier wird nunmehr von der Kontrolle die richtige Verbuchung festgestellt und die Originalquittung des Kunden eingezogen. Gleichzeitig wird der vom Lagermeister an die Kontrolle gegebene Auslieferschein mit seinem Stamm verglichen. Die Auslieferscheine werden sodann nach Nummern zusammengestellt aufbewahrt, während die Kopien der Benachrichtigungen mit den Originalquittungen chronologisch abgelegt werden.

Den dritten Fall der regelmäßigen Barzahlung stellt der Eingang der Umzugsraten dar. Die Summe des Speditionsbogens, des Umzugvertrages sowie die der Stämme des Quittungsbuches für Umzüge müssen übereinstimmen. Das Quittungsbuch mit dem in diesem eingebundenen Stamm 1 ist in der Möbeltransportabteilung und wird von dieser nach Verbrauch an die Kontrolle übergeben. Der Stamm Nr. 2 wird von der Kasse eingezogen, nachdem die richtige Verbuchung festgestellt worden ist. Während die Bücher mit den Stämmen besonders aufbewahrt werden, verbleibt der Umzugsvertrag im zugehörigen Speditionsbogen.

Die Einlagerscheine, die in den Speditionsbogen zur Kontrolle gelangen, werden nach ihren Nummern gesammelt und mit den von den Speditionsabteilungen zurückgegebenen Blocks auf denen die Originale oder Duplikate verblieben sind, abgestimmt und zusammen aufbewahrt

Die Lagerscheine über Möbel werden nach ihrer Erledigung in der Kontrollabteilung abgelegt. Eine Abstimmung erübrigt sich, da das Möbellager unter Verschluß der Möbeltransportabteilung steht.

Die bei einkommenden Sammelwagen vorhandenen Borderaux werden mit den Speditionsbogen verglichen und verbleiben in diesen. Dagegen werden die vom eigenen Betrieb über ausgehende Wagen angefertigten Borderaux nach ihren Nummern zusammengelegt, da jedesmal zwei Exemplare vorhanden sind.

Die Ver- und Entladelisten werden ebenfalls gesondert nach den Speditionsnummern aufbewahrt. Nach ihnen kann im Verein mit den Fuhr-, Auslieferungs- und Einlagerscheinen der Weg genau verfolgt werden, den ein Gut durch den Betrieb genommen hat, so daß sie bei vorkommenden Unregelmäßigkeiten zusammen mit den Lagerbüchern der Lager- und Lademeister wertvolle Unterlagen für Nachforschungen bilden.

Versicherungs- und Zollanträge werden ebenfalls vom Speditionsbogen getrennt, nachdem die Weiterberechnung geprüft und ihre Nummern auf dem Speditionsbogen eingesetzt worden sind. Die bei den ausstellenden Speditionsabteilungen verbleibenden Anträge und verbrauchten Zettelblöcke sind mit den bei der Kontrolle eingegangenen Anträgen abzustimmen und werden gemeinsam aufbewahrt.

Ist bei irgend welchen Reklamationen die Herausgabe von Speditionsbogen und anderen Papieren notwendig, so ist es unbedingt erforderlich, daß der Empfangende eine Quittung hierüber ausschreibt, damit ein nachträgliches Abhandenkommen von Papieren nach Möglichkeit vermieden wird.

Über die Kontrollabteilung im allgemeinen möchte ich zum Schluß noch bemerken, daß sie bei gewissenhafter Arbeit den Betrieb vor manchem Schaden bewahren kann, der sich aus Irrtümern ergibt. Was die Aufdeckung von Unterschleifen anbelangt, so darf man ihre Tätigkeit nicht überschätzen; immerhin wird sie unlauteren Elementen ihr Handwerk erschweren. Ein gerissener Betrüger, der seine Machenschaften von langer Hand vorbereitet, wird jedoch wohl stets eine Masche im Netz finden, durch die er schlüpfen kann. Hiergegen können nur Stichproben und dauernde aufmerksame Beobachtung der Geschäftsabwicklung einen Erfolg versprechen.

7. Die Postabteilung.

Ob zur Abfertigung der Post eine besondere Abteilung erforderlich ist oder nicht, ist ganz von dem Umfang der ausgehenden Briefe, Karten und Drucksachen abhängig. Die Hauptaufgabe der Postabteilung ist es, die ausgehenden Briefe und die dazu gehörenden Einlagen mit Umschlägen und dem erforderlichen Porto zu versehen. Viele Betriebe lassen sich die Umschläge gleich von der Korrespondenzabteilung ausstellen, was ich aus dem Grunde für zweckmäßig halte, weil es für den Korrespondenten nur eine geringe Mühe bedeutet, und er nicht so leicht, namentlich bei ausländischen Firmen, einen Fehler in der Anschrift machen wird, wie jemand, der die Firma nur gelegentlich als Adresse zu schreiben hat und nicht über Sprachkenntnisse verfügt. Die sogenannten Fensterkuverts und vorgedruckten Umschläge für feste Kunden ersparen auch hier viel Zeit und Arbeit.

Zum Schließen und Frankieren der Briefe werden häufig Maschinen verwandt, die den Vorzug haben, schnell und sauber zu arbeiten. Vor einer Markenentwendung schützen sie jedoch nur bedingt, da bei der Bedienung der Maschine natürlich Privatpost untergeschoben werden kann.

Endlich hat die Abteilung die ausgehenden Einschreibbriefe in die Postbücher einzutragen und die Briefe selbst zu expedieren.

Die einkommende Post ist, falls besondere Postschließfächer vorhanden sind, abzuholen. Sie wird mit den übrigen eingehenden Briefen den Geschäftsleitern übergeben, die sie nach Durchsicht auf die betreffende Abteilung verteilen.

Falls die Korrespondenten zu einem Brief nicht Durchschläge anfertigen, hat die Postabteilung die Briefe zu kopieren. Ob dem Durchschlag oder der Kopie im allgemeinen der Vorzug zu geben ist, ist schwer zu entscheiden. Der Durchschlag ist meistens besser lesbar als die Kopie, dafür wird aber bei kleinen Abänderungen des Briefinhaltes durch den Unterzeichnenden häufig die Verbesserung des Durchschlagtextes übersehen, was gelegentlich zu sehr unliebsamen Irrtümern Anlaß geben kann. Die Kopie dagegen vermeidet diese Fehlerquelle. Der Durchschlag hat außerdem noch den Vorteil, daß er gegenüber der Kopie Arbeit erspart, da er ohne besondere Mühe mit dem Brief entsteht, während die Kopie erst unmittelbar vor dem Kuvertieren des Briefes angefertigt wird und dadurch namentlich in großen Betrieben eine erhebliche Verzögerung in der Postabfertigung hervorrufen kann. Im großen und ganzen wird man wohl dem Durchschlag den Vorzug geben können. Immerhin arbeitet der Speditionsbetrieb noch mit einer Reihe von Formularen wie Empfangsbestätigung, Versandanzeigen usw., bei denen die Kopie beibehalten werden muß. Sämtliche Kopien sowie Durchschläge werden der Registratur übergeben.

8. Die Registratur.

Die Registratur hat sich lediglich mit der Ordnung und Aufbewahrung der eingehenden Briefe und Kopien der ausgehenden Briefe und Rechnungen, Formulare und Durchschläge zu befassen. Einen besonderen Zuschnitt auf das Speditionsgeschäft erfordert die Registratur nicht, so daß ich es für überflüssig halte, an dieser Stelle auf die verschiedenen Arten der Registrierung einzugehen.

9. Die Reklameabteilung.

Die Reklame hat im allgemeinen im Speditionsgeschäft keine so große Bedeutung erlangt, wie in anderen Gewerbezweigen. Es gibt nur ganz wenige Großunternehmungen, die über die gebräuchlichsten Formen der Bekanntmachung hinausgehen. Der Grund hierfür liegt darin, daß der Kunde des Spediteurs im allgemeinen in der nächsten Umgebung des Betriebes seinen Wohnsitz hat. Ausnahmen bilden hier lediglich die Firmen, die ein Lager bei einem Spediteur unterhalten, um eigene Niederlagen zu sparen. Ferner kommt hier noch der Empfänger und Versender von Schiffsverfrachtungen in Frage, der häufig den direkten Verkehr mit dem Spediteur eines Umschlagplatzes einer Verbindung mit dem Betrieb des Empfangs- oder Aufgabeortes vorzieht. Aus diesen Umständen ergibt es sich von selbst, daß nur der Speditionsgroßbetrieb, der über ein umfangreiches Filialnetz verfügt, zu einer umfassenden Reklame greift. Ein anderer Faktor, der hiervon zurückhält, wird durch die ungeheuren Summen gebildet, die heute geopfert werden müßten, und zu deren Einbringung eine erhebliche Anzahl von Aufträgen nötig wären.

Bei der Reklame sind zwei Arten zu unterscheiden:

Die erste ist die allgemeine Reklame, die das ganze Unternehmen in Wort und Bild auf Transparenten, Plakaten, in Tageszeitungen, durch öffentliche Anschläge in Personenverkehrsmitteln usw. dem großen Publikum bekanntmacht. Wenn diese Art auffällig wirken soll, kann sie es nur durch Eigenartigkeit in irgendeiner Form und durch Häufigkeit ihres Erscheinens, was die Kosten naturgemäß stark heraufschraubt. Eine derartige Reklame hat aber meines Erachtens nur Zweck für ein großes Unternehmen, das von der breiten Masse, an die es sich wendet, wirklich etwas erhoffen kann. Diese Art erfordert unbedingt eine große Vertrautheit mit dem Reklamewesen selbst, so daß eine fachmännische Leitung unumgänglich notwendig erscheint.

Der allgemeinen Reklame gegenüber steht die zweite Art, die spezielle. Sie wendet sich in Fachzeitschriften der Industrieverbände, des Ex- und Imports usw. an einen ganz bestimmten Kundenkreis, bei dem Interesse für einen einzelnen Speditionszweig, sei es Sammel- oder Schiffsverkehr, Lagerhaltung oder Möbeltransport vorausgesetzt wird. Sie erfordert eine gründliche Kenntnis der in Frage kommenden Fachzeitschriften und außerdem eine ständige Fühlungnahme mit den betreffenden Geschäftsabteilungen, um auf Besonderheiten der Geschäftslage Rücksicht in der Anzeige nehmen zu können.

Eng verbunden mit dieser Reklameart ist die Werbung durch Druckschriften. Hier war es ganz besonders im Frieden üblich, einen Frachttarif für den eigenen Sammelverkehr auszuarbeiten und ihn an Interessenten zu versenden. Dasselbe fand man allgemeiner gehalten auch für Schiffsverfrachtungen und Lagerhaltung. Infolge der hohen Kosten der Druckschriften in der Gegenwart und vor allem durch die ständige Bewegung der Eisenbahnfrachten usw. ist man heute entweder ganz von dieser Art abgekommen, oder man hält das Angebot sehr allgemein. Da für diese Art von Werbung Adressen notwendig sind, muß von der Reklame für jede Abteilung ein besonderes Anschriftenverzeichnis angelegt werden. Die Speditionsabteilungen haben lediglich die Ausarbeitung der Angebote zu übernehmen und neu hinzukommende Interessenten der Reklameabteilung bekannt zu geben. Druck und Versand der Offerten übernimmt die Reklame. In diesem Falle ist sie also nur eine Hilfskraft, die der Spedition die Ausführungsarbeit abnimmt, während die Aufstellung der Angebote und das Ausfindigmachen neuer Kunden jener überlassen bleibt. Diese Arbeitsteilung rechtfertigt sich um so mehr, als es einerseits das Bestreben des Betriebes sein muß, die eigentlichen Geschäfte betreibenden Abteilungen zu entlasten. Außerdem wird die Reklameabteilung durch ihre Erfahrung die richtige Form der Drucksachen schneller und leichter als die Speditionsabteilungen schaffen und den Verkehr mit den Druckereien besser überwachen können.

Die letzte Aufgabe der Reklameabteilung besteht in der Aufzeichnung der durchgeführten Arbeiten. Um eine gute Übersicht zu haben, ist es erforderlich, daß jeder Typ einer Bekanntmachung durch ein Bild, Skizze oder ein Stück aufbewahrt wird und gleichzeitig sämtliche Kosten, die bei der Ausführung einer Art entstanden sind, zusammengestellt werden. Die Verrechnung der Beträge bleibt der Buchhaltung vorbehalten.

Die Bildung einer eigenen Reklameabteilung kann natürlich nur für Großbetriebe mit einem ausgebauten Filialsystem in Frage kommen. Hier wird die Zentralisation allerdings notwendig sein, um eine einheitliche Ausführung zu ermöglichen, die nicht die geringste Vorbedingung für einen Erfolg ist.

10. Die statistische Abteilung.

Um ein genaues Bild von den Leistungen des Speditionsbetriebes in bestimmten Zeitabschnitten zu erhalten, genügen nicht allein die Ergebnisse der Buchhaltung, die wohl die Geldbewegung der einzelnen Abteilungen feststellt aber nicht einen Überblick über die bewegte Gütermasse und damit über die Arbeitsleistung gibt. Um dieses Ziel zu erreichen, ist die Einrichtung einer Betriebsstatistik erforderlich. Da diese durch Zusammenstellung der erforderlichen Zahlen zu Ergebnissen kommt, die mehr oder weniger ein Geschäftsgeheimnis bilden, so muß auf die Vertrauenswürdigkeit der hierfür ausersehenen Person besonders Rücksicht genommen werden. Die einzelnen Teile, die für die Betriebsstatistik eines Speditionsgeschäftes in Frage kommen, sind Aufstellungen über:

I. Die Arbeitskräfte.
II. Die Hilfsmittel.
III. Die geleistete Arbeitsmenge.
IV. Die Unkosten und den Gewinn.

Zu I. Unter diesen Punkt fallen sämtliche Gehalts- und Lohnempfänger der Firma, aufgeteilt in einzelne Gruppen wie Handlungsgehilfen, Kraftfahrer, Lager-, Hilfsarbeiter usw. Aus dieser Aufstellung soll die Personalbewegung hervorgehen, wie Zugang, Abgang, Krankheit, Urlaub und ferner die geleisteten Arbeitstage.

Personalaufstellung für den Monat August 192....

	Handelsangestellte			Kraftfahrer			Lagerarbeiter		
	Pers.	Tage	Arb.-Tage	Pers.	Tage	Arb.-Tage	Pers.	Tage	Arb.-Tage
Am 1. VIII. tätig	120	31	3720	15	31	465	25	31	775
Zugang	—	—	—	—	—	—	—	—	—
Abgang	—	—	—	1		25	—	—	—
bezahlte Arbeits-Tage			3720			440			775
·/. Krankheit	1	25							
Urlaub	4	(14)56	81	2[14]	28	28	1	10	10
geleistete Arbeits-Tage			3639			412			765

Summe der bezahlten Arbeitstage 3720+440+775+ . . . = 4935
„ „ geleisteten „ 3639+412+765+ . . . = 4816
119

Aus vorstehender Tabelle ergibt sich, daß im August 4935 Sollarbeitstage 4816 Istarbeitstagen gegenüberstehen. Die Differenz der Zahlen weist trotz gleichbleibenden Personalstandes natürlich Schwankungen auf, da im Sommer z. B. viel Urlaubstage liegen werden, während dieses im Winter nur eine Ausnahme sein dürfte. Nimmt man dagegen die Jahreszahlen zum Vergleich, so muß hier ein ziemlich gleichbleibendes Verhältnis zwischen Soll- und Istarbeitstagen herauskommen. Gelangt der Betrieb in einen stärkeren Beschäftigungsgrad, so werden zunächst die Ziffern der Handarbeiter steigen, weil die Außenarbeit in schnellerem Grade wächst, als die Büroarbeit. Das gleiche gilt im umgekehrten Sinne, und zwar hier noch mehr dadurch, daß der Handarbeiter in einem kürzeren Anstellungsverhältnis steht als der Handlungsangestellte und daher schneller entlassen werden kann.

II. Unter die Hilfsmittel fallen vor allen Dingen die Gespanne, Lastkraftwagen und sonstige Transportmittel des Fuhrparks. Die Zusammenstellung der erforderlichen Ziffern wird entweder vom Fuhrpark selbst vorgenommen, oder er gibt das gesammelte Material zur Bearbeitung an die Statistik ab. Ferner gehören hierher die eigenen Eisenbahnwagen, Kähne, Löschvorrichtungen u. a. m. Um eine Übersicht zu erlangen, vereinigt man die Ziffern wie nachstehend in einer Tabelle.

Statistik der Hilfsmittel für Monat August

	Pferde		Maultiere		Lastkraftwagen	
	Zahl	Arbeitstage	Zahl	Arbeitstage	Zahl	Arbeitstage
Bestand	40	1240	25	775	18	558
Zugang	—	—	2	20	1	18
	40	1240	27	795	19	576
Abgang	2	21	—	—	2	7
	38	1219	27	795	17	569
geleistete Arbeitstage		1076		771		523
		143		24		46

Diese Aufstellung zeigt zunächst den Bestand mit Zu- und Abgang. Daneben stellt sie die Höchst- (Soll)leistung der tatsächlich ausgeführten Istleitung gegenüber und ergibt so ein Bild des Beschäftigungsgrades.

III. Der Vergleich der Arbeitsmenge, die von einem Speditionsbetrieb geleistet worden ist, läßt sich nur schwer durchführen, da ein Generalnenner fehlt, auf den man die Arbeitsleistungen aller Art beziehen könnte. Es ist daher zunächst die Arbeit des Büros von der der Außenstellen zu trennen. Für die einzelnen Innenabteilungen sind wieder besondere Einheiten zu wählen, so daß sich folgendes Bild ergibt:

a) Für den Fuhrbetrieb als Speditionsabteilung kommen nur die Aufträge in Frage, die er selbständig verrechnet. Sie werden nach Gewicht, Auftragszahl, Stück- und Massengut geschieden.

b) Die Stückgutabteilung rechnet nach der Zahl der Aufträge, da jeder normalerweise so ziemlich dieselbe Schreibarbeit erfordert. Gegebenenfalls kann man wie auch bei den folgenden Abteilungen nach Aufträgen für das In- und Ausland trennen.

c) Für die Sammelgutabteilung kommt die Anzahl der abgefertigten Sammelwagen im Aus- und Eingang in Betracht. Die Arbeit, die ein

Wagen im Gegensatz zu einem anderen bereitet, kann zwar sehr verschieden sein, aber auf die Dauer wird sich Mehr- oder Minderarbeit ausgleichen.

d) Die Schiffahrtsabteilungen stellen die Zahl der Aufträge und das Gewicht der Ladungen einander gegenüber. Dieses Verhältnis ist zu bilden, weil das Ladungsgewicht der einzelnen Aufträge stark voneinander abweicht und daher verschiedene Arbeitsleistung erfordert. Andererseits ist die Zahl der Aufträge wichtig, um zu erkennen, auf wieviel einzelne Geschäftsfälle sich die Ladungsmenge verteilt. Neben Ein- und Ausgang ist zu trennen nach Stück- und Massengüter, wobei die letzten wieder in ganze Kahn- und Teilladungen zu zerlegen sind.

e) Die Möbeltransportabteilung zählt die Umzüge und zergliedert sie nach der Länge der benutzten Wagen und nach solchen Transporten innerhalb der Stadt und nach außerhalb.

Die Ausnutzung des Möbellagers wird nach Quadratmetern und Zeit angegeben.

f) Die Lagerabteilung berechnet die Zahl der Aufträge und die Stückzahl der Kolli oder das Gewicht bei Massen- oder Schwergut.

g) Die Versicherungsabteilung stellt die Zahl der Abschlüsse, die versicherte Gesamtsumme und die Schadensfälle zusammen.

h) Für die Zollabteilungen kommt die Anzahl der vorzollten Sendungen und die Summe der Zollbeträge in Betracht.

Nach den Geschäftsabteilungen sind die Außenstellen auf ihre Leistungen zu untersuchen:

1. Der Fuhrbetrieb vergleicht die Fuhraufträge mit dem beförderten Gewicht, getrennt nach Stück- und Massengut. Außerdem sind für den Lastkraftwagenpark die gefahrenen Kilometer in Ansatz zu bringen.

2. Das Lagerhaus ist unterzuteilen in das Dauerlager, dessen Angaben die Lagerabteilung liefert, und in das Versandlager, für dessen Verkehr die Kollizahl und das Gewicht maßgebend ist.

3. Die Bahnabfertigungen zählen die expedierten Stückgütersendungen und Waggonladungen.

4. Die Hafenläger werden untersucht auf die bewegte oder gelagerte Gewichtsmenge, getrennt nach Stück- und Massengut. Diese Ziffern werden zu den Aufträgen ins Verhältnis gesetzt.

Die Zahlen für die angegebenen Punkte sind nicht schwer zu erlangen. Die Unterlagen für die Aufstellungen, die über die Leistungen der Speditionsabteilungen vorzunehmen sind, liefert das Speditionsbogenverzeichnis. Die Versicherung- und Zollabteilung stellt ihre Zahlen aus den von ihnen geführten Versicherungs- und Zollbüchern zusammen. Das Material für den Fuhrbetrieb schafft sich dieser selbst durch die Strecken-, Verbrauchs- und Ausbesserungsbücher. Für das Versand- und Hafenlager kommen die Aufzeichnungen der Lagermeister in Betracht, während die Bahnabfertigungen ihre Ziffern aus den abgelegten Frachtbriefen der einkommenden Güter und aus dem Ausgangsbuch erhalten, in das die versandten Frachtbriefe von der Eisenbahnabteilung eingetragen werden.

IV. Als letzte Gruppe der statistischen Nachweisungen kommt die Zusammenstellung der Gewinn- und Verlustrechnung in Frage, die von der Buchhaltung vorzunehmen ist. Hier interessieren zunächst die Umsätze der Erwerbsabteilungen und daneben die Rohgewinne aus den Geschäftszweigen. Die Feststellung des Gewinns jeder einzelnen Abteilung ist nicht leicht durchzuführen, da die Errechnung der auf jede Abteilung entfallenden Unkosten auf Schwierigkeiten stößt. Eine Ausnahme bildet hier lediglich der Fuhrbetrieb, dessen Kostenerfassung von ihm selbst vorgenommen wird. Um eine Übersicht über die Unkosten zu erlangen, faßt man sie in Gruppen zusammen, die jedesmal von einer gleichen Gattung gebildet werden. Man kann hier etwa wie folgt teilen:

1. Gehälter, Löhne, Zuwendungen, Reisespesen, soziale Versicherung.
2. Elektrische Kraft, Wasser, Heizung, Reinigung.
3. Drucksachen, unter Aussonderung der für die Reklame angefertigten, Porti, Telephon, Telegramm.
4. Tierfutter, Betriebsstoffe für die Kraftwagen, die Ausrüstung und Unterhaltung von Tieren und Wagen.
5. Die Unterhaltung der Gebäude und Einrichtungen.
6. Die Reklame mit ihren sämtlichen Unkosten für Drucksachen, Firmenschildern, Anzeigen usw.

Die vier statistischen Gruppen werden zusammen mit der internen Bilanz ein gutes Bild von dem Betriebe liefern. Erschöpft ist jedoch die Untersuchung hiermit keineswegs. Je nach der besonderen Beschaffenheit des einzelnen Betriebes können Feststellungen über die Gattung der verladenen Massengüter, über die Ziele der Ladungen usw. von besonderem Interesse sein. Auseinandersetzungen hierüber erscheinen mir jedoch, ohne einen bestimmten Betrieb dabei im Auge zu haben, nur schwer möglich und wenig lohnend.

Eine eigene Abteilung für die Statistik zu unterhalten, wird sich nur bei großen Unternehmungen lohnen, die die Angaben ihrer Filialen mit zu verarbeiten haben.

III. Die Form der Verbindung mit auswärtigen Häusern.

Die Natur des Güterfrachtgeschäftes verlangt es, daß der Spediteur seinen Kunden nicht nur bei der Auflieferung der Sendung vertritt, sondern daß der Empfang von den Verkehrsanstalten ebenfalls von fachmännischer Seite aus erfolgt, sei es, daß es sich hierbei um die endgültige Zurollung an den Empfänger handelt, eine Weiterverfrachtung mit Bahn oder Schiff vorgenommen werden soll, oder daß das Gut selbst einer besonderen Wartung bedarf, wie es bei leicht verderblichen Waren der Fall ist. Diesem Zwang der Verhältnisse Rechnung tragend, hat der Spediteur die mannigfachsten Formen in der Verbindung mit auswärtigen Häusern gezeitigt. Die Intensität dieser Geschäftsverbindung wird beherrscht von der Größe und Leistungsfähigkeit der einzelnen Betriebe und von der Häufigkeit der Sendungen, die in einer Richtung oder wechselseitig überwiesen werden.

Das Unternehmen, das nur gelegentlich einmal eine Verfrachtung oder Verschiffung nach einem kleineren Platze vorzunehmen hat, wird die Auswahl des Empfangsspediteurs nur nach ganz allgemeinen Gesichtspunkten treffen. Ist man Angehöriger eines Verbandes, so wird man sich nur an Mitglieder wenden, und entsprechend wird der Außenseiter handeln. Irgendwelche Abmachungen zu vereinbaren, lohnt nicht der Mühe. Man erwartet stillschweigend, daß man im umgekehrten Falle ebenfalls die Zuweisung erhält.

Sobald jedoch der gegenseitige Geschäftsverkehr reger wird, stellt sich auch das Verlangen nach einer festeren Verbindung ein. Die einfachste Form ist die, daß sich beide Teile lediglich verpflichten, Geschäfte an dem Platze des anderen nur durch diesen abwickeln zu lassen. Diese schwächste Art der Geschäftsverbindung wird besonders dann am Platze sein, wenn sich die gegenseitig überwiesenen Aufträge einigermaßen ausgleichen. Ist der eine Teil jedoch wesentlich stärker, so wird er sich noch besondere wirtschaftliche Vorteile ausbedingen, die meistens in der Berechnung von geringeren Speditionsspesen oder durch Gewährung von Rabatten ihren Ausdruck finden. Derartige Fälle kommen in der Hauptsache dort vor, wo der Verkehrsweg eine besondere Behandlung des Gutes erfordert. Hierher gehört z. B. die Seehafenspedition, die durch besondere Vergünstigungen Transporte aus dem Binnenlande an sich zu ziehen sucht, ferner der Betrieb, der an Umschlagsstellen arbeitet usw. Die Höhe der einzuräumenden Vergütung wird der Gewährer naturgemäß von der zu erwartenden Frachtmenge abhängig machen und wird seinerseits darauf dringen, daß der Überweisende sich zu einer bestimmten Menge verpflichtet, damit er wiederum durch größere Abschlüsse mit den Verkehrsanstalten günstigere Bedingungen erhält. Diese Form der Geschäftsverbindung stellt daher weiter nichts dar als die Verpflichtung eines Hauses auf ständige Zuweisungen von Frachten gegen ein besonderes, vereinbartes Entgelt, daß sich gegebenenfalls nicht in der Berechnung niedrigerer Gebühren irgendwelcher Art ausdrückt, sondern in der Bewirkung derselben Leistung des zweiten an den ersten besteht.

Die zweite Form der Verbindung fesselt die beiden Häuser enger aneinander, ohne ihnen jedoch die äußere Selbständigkeit zu nehmen. Es handelt sich hier um die Interessengemeinschaft. Sie besteht meistens darin, daß die beiden Kontrahenten einzelne Speditionszweige, z. B. den Sammelverkehr, gemeinsam betreiben, und der entstehende Gewinn nach einem vereinbarten Schlüssel geteilt wird. Daß man beiderseitig den ganzen Speditionsbetrieb zur Basis der Interessengemeinschaft wählt, wird nur äußerst selten vorkommen, da hierfür im allgemeinen zu wenig Berührungspunkte vorliegen. Durch einen Zusammenschluß in Form der Interessengemeinschaft wird erreicht, daß der eine Betrieb nicht nur über die Höhe der von ihm selbst zu berechnenden Kosten entscheiden kann, sondern daß die bisher für ihn feststehenden Preise des zweiten Unternehmens variabel werden. Hier sei folgendes Beispiel zum besseren Verständnis eingefügt:

Das Unternehmen A in Köln hat mit dem Betrieb B in Leipzig einen Vertrag geschlossen, nach dem beide Teile sich verpflichten, sich gegenseitig die Transporte auf ihre Plätze zuzuweisen. Liegt in diesem Falle ein Auftrag an den A vor, eine Sendung nach Leipzig zu befördern, so kann er, falls es sich um einen größeren Geschäftsabschluß handelt, und daher vom Kunden ein Entgegenkommen verlangt wird, zunächst nur seine Preise ändern, während er auf die Berechnung des B bei Ablieferung der Sendung in Leipzig ohne weiteres keinen Einfluß hat. Die Folge dieses Geschäftes wird sein, daß B in Leipzig im Vergleich zu seiner Leistung verhältnismäßig mehr als A in Köln verdient. Nach der Art des Vertragsabschlusses zwischen A und B wird vielleicht B in die gleiche Lage kommen wie A, und auf die Dauer würden sich unter Umständen die Fälle ausgleichen. Die Sachlage verschiebt sich jedoch zu Ungunsten von A, wenn B bei Angeboten seine Preise nicht so erniedrigt wie A und daher manches Geschäft ausläßt, das A hereingebracht hätte. Ganz ähnlich liegt der Fall auch dann, wenn der Vertrag zwischen A und B eine Frachtlieferung von A und eine feste Vergütung des B an A vorsieht. Auch hier stehen für A die Kosten des B fest. Bei der Interessengemeinschaft dagegen, die den gemeinsam erzielten Gewinn aufteilt, fällt dieser Punkt fort. A und B kennen die Mindestgrenze des andern, die sich den Selbstkosten angleichen wird, ja diese kann sogar in Ausnahmefällen unter die Grenze der Selbstkosten beider Betriebe sinken. Die Folge hiervon ist, daß A und B einen größeren Spielraum bei der Preisfestsetzung haben, wodurch sie wiederum leichter in den Stand gesetzt werden, ein großes Geschäft durch Entgegenkommen noch abschließen zu können, was ihnen sonst entgangen wäre. Die Interessengemeinschaft ermöglicht also eine freiere Preisgestaltung und gleicht die Ungerechtigkeit in der Verteilung des Gewinnes von einem einzelnen Geschäftsabschluß aus. Voraussetzung für die letzte Bedingung ist die richtige Festsetzung der Unkosten, die jedem Betriebe entstehen. Es ist also erforderlich, daß man sich darüber verständigt, was als gemeinsamer Gewinn, und was als Unkosten des einzelnen anzusehen ist. Die Einigung über diese Punkte wird natürlich Schwierigkeiten bereiten, wenn große Unternehmen in Frage kommen, die die mannigfaltigsten Geschäfte miteinander abwickeln, und dabei die verschiedensten Unkosten durch den ungleichen Grad der Teuerung in den betreffenden Städten aufweisen wie Gehälter, Löhne, Miete usw.

Außer dieser letzten Schwierigkeit taucht dann noch eine weitere auf, das ist die Festsetzung des Gewinnverteilungsschlüssels. Ist der Wert der von jedem abgeschlossenen Aufträge annähernd gleich groß, so ist die Halbierung des Gewinnes das Gegebene. Wie ist aber zu verfahren, wenn einer von beiden aus irgendeinem Grunde, z. B. günstigerer Handelslage des Betriebes oder größerer Fähigkeit des Leiters, wesentlich mehr Geschäfte tätigt als der Partner? Dadurch, daß jeder bei Ausführung des Auftrages seine Unkosten vorab erhält, fällt der Einwand, daß der Gewinn nach der bewirkten Leistung bei Ausführung eines Auftrages zu verteilen ist. Diese Lösung erscheint selbst dann noch gerechtfertigt, wenn B ein Geschäft abschließt, und A die größere Arbeit bei der Durchführung zu leisten hat, wie es praktisch durchaus der Fall sein kann. Würde man das Verhältnis der beiderseitigen Unkosten zum Gewinnverteilungsschlüssel machen, so würde damit das Streben, daß jeder seine zu berechnenden Unkosten heraufsetzt, starken Anreiz erhalten. Hieraus folgt, daß man das Verteilungsverhältnis auf einer anderen Grundlage aufbauen muß, und diese ist zweifellos der Geschäftsabschluß. Dieser ist notwendig, um überhaupt einen Gewinn entstehen zu lassen und daher maßgebend. Es kann hier natürlich nicht die Zahl der Abschlüsse in Frage kommen, sondern lediglich der aus ihnen entspringende Gewinn. Man kann daher wie folgt verfahren:

Schließt A ein Geschäft ab, so wird ihm der Bruttogewinn, der aus dem eingehenden Betrag abzüglich der Unkosten des A und B entsteht, gutgeschrieben. Dasselbe Verfahren wird bei Abschlüssen durch B angewandt. Am Ende der Rechnungsperiode wird der Gewinn vom A dem des B gegenübergestellt und etwa folgendermaßen aufgeteilt:

Beträgt die Differenz beider Gewinne nicht mehr als beispielsweise die vorher vereinbarte Summe von Mk. 10000.—, so wird der Gesamtgewinn von A und B halbiert. Steigt der Unterschied, so bekommt der stärkere die Hälfte der Differenz vorweg, und der ganze Rest wird gleichmäßig verteilt. Auf diese Weise würde der Geschäftstüchtigere auch eine besondere Entschädigung erhalten. Selbstverständlich ist die größere Zahl von Abschlüssen nicht immer ein Beweis für größere Regsamkeit, sondern es ist durchaus denkbar, daß A durch besondere Umstände, die in günstigeren Verkehrsbedingungen oder anderen Einflüssen liegen, dem B erst zu zahlreichen Abschlüssen die Unterlage gibt.

Alle die hier in Frage kommenden Punkte aufzuzählen, würde zu weit führen. Es muß vielmehr den abschließenden Parteien überlassen bleiben, vor Festsetzung des Vertrages ihre wirtschaftlichen Vorzüge aufs gründlichste zu untersuchen, um auf diese Weise zum Abschluß einer Interessengemeinschaft zu kommen, die den Beteiligten nicht gleich nach ihrer Entstehung schon Ärger und Verdruß bereitet.

Zum Schluß ist noch die engste Verbindung mit dem Betriebe eines anderen Platzes zu erwähnen, die Filiale. Je größer und vielseitiger ein Speditionsbetrieb ist, desto stärker wird das Erfordernis, an wichtigen Verkehrsplätzen eigene Zweigstellen zu besitzen, die diesen Platz fester und stärker, als irgendeine Interessengemeinschaft es vermag, an das Hauptunternehmen anschließen, und daher die wirtschaftlichste Zusammenarbeit gewährleisten. Gerade der Zwang der gegenseitigen Inanspruchnahme im Speditionsbetrieb reizt stärker als in Industrie und Handel zur Bildung eigener Niederlassung. Wesentlich unterstützt wird der Ausbau durch den verhältnismäßig geringen Kapitalbedarf des Speditionsbetriebes.

Bei der Errichtung einer Filiale erhebt sich die Frage, ob die Übernahme eines bestehenden Geschäftes oder die Eröffnung eines völlig neuen Betriebes vorzuziehen ist. Eine vollkommen eindeutige Lösung ist hier natürlich nicht möglich, da die vorhandene Sachlage einen starken Einfluß auf die Festsetzung der benötigten Summe hat. Da die weitaus überwiegende Kundenzahl sich auf die nächste Nähe des Betriebsstandortes beschränkt, und das alte eingesessene Haus sowohl über einen festen Kundenstamm als auch über eine in langen Jahren erworbene Kenntnis in bezug auf die Wünsche des Kunden verfügt, wird der Erwerb einer alten Firma große Vorteile bieten. Hier hinzu kommt ferner, daß ein neuentstehender Betrieb erst versuchen muß, sich durch Reklame, persönliche Werbung und Geschäfte mit geringem oder keinem Nutzen einzuführen, was naturgemäß mit großen Kosten verknüpft sein wird. In Anbetracht dieses Umstandes kann man daher im allgemeinen sagen, daß die Übernahme eines bestehenden Unternehmens vorteilhafter sein wird als eine Neugründung, selbst dann noch, wenn der Kaufpreis über den tatsächlichen Wert hinausschießt.

Die Innenorganisation der Zweigstelle ist ebenso einzurichten wie die des Stammhauses, wodurch ein Überblick ihrer Geschäftslage sehr erleichtert wird. Die Filiale, die nach außen in ein enges Abhängigkeitsverhältnis vom Stammhaus getreten ist, ist, von innen gesehen, ein durchaus selbständiger Betrieb. Ein Einfluß auf Geschäftsabschlüsse ist wegen der Verschiedenheit der Anforderungen, die ein anderer Standort an den Speditionsbetrieb stellt, durch das Stammhaus kaum denkbar. Es kann sich hier also nur um die Vorzeichnung ganz allgemeiner Richtlinien handeln.

C. Schlußgedanken.

In der vorliegenden Arbeit habe ich auf Grund eines Einblicks in verschiedene Betriebe, die ich bereits im Vorwort nannte, versucht, die Darstellung einer betriebswirtschaftlichen Organisation eines Speditionsgroßbetriebes zu schaffen, die nach Möglichkeit den Eigenarten dieses Gewerbezweiges voll und ganz Rechnung trägt. Die Speditionsbetriebe, denen die individuelle Gestaltungskraft der Leiter ihr besonderes Gepräge verliehen hat, weisen in ihrem Betriebsorganismus ein buntes Bild von Variationen in der Abwicklungstechnik auf. Der Vergleich der Vor- und Nachteile der einzelnen Einrichtungen, soweit sie mir als Geschäftsgeheimnis aus begreiflichen Gründen nicht vorenthalten wurden, hat mich dazu geführt, schlechte Formen durch bessere zu ersetzen, und das Bewährte auszubauen, wobei stets der Gedanke ausschlaggebend war, alle Betriebsteile in einen organischen Zusammenhang zu bringen. Daneben ist es mein Bestreben gewesen, in der Frage der äußeren Gestaltung das für den Speditionsbetrieb Wesentliche herauszuschälen, um so dem letzten und höchsten Ziel meiner Arbeit zu dienen, der Praxis Anregungen bei der Gestaltung ihrer Betriebe zu bieten.

Additional information of this book

(Die betriebswirtschaftliche Organisation in Speditionsgroßbetrieben; 978-3-642-90257-4) is provided:

EXTRA MATERIALS
extras.springer.com

http://Extras.Springer.com

GPSR Compliance

The European Union's (EU) General Product Safety Regulation (GPSR) is a set of rules that requires consumer products to be safe and our obligations to ensure this.

If you have any concerns about our products, you can contact us on ProductSafety@springernature.com

In case Publisher is established outside the EU, the EU authorized representative is:

Springer Nature Customer Service Center GmbH
Europaplatz 3
69115 Heidelberg, Germany

Batch number: 10844675

Printed by Printforce, the Netherlands